量子の生死書

廖敏洋／著

以**量子的眼光**
探索宇宙的真相與生命的本質，
以一種溯源性量子的眼光，
來斟透、貫穿非生物物理世界與生物生命意識世界
之間的界線……

推薦序

資深精神科醫師 李建德

　　本書從開始看時會以為是探討物理學的著作，但是深入地看下去，卻是一部探討宇宙生命的深奧作品；不過如果沒有現代物理學的概念或是對生命及生死學有興趣者，是不容易讀下去的。作者從學生時代起就熱愛探討生命的意義，且不拘泥於一格，喜從多方面不同角度去檢視。畢業後成家立業積極投入行醫工作，且栽培之三子女皆有成就而能接續其衣缽。雖然如此，作者在工作之餘仍然熱衷於生死學之探討，經數年遂成此書。令人驚嘆其心力之堅韌，精力之旺盛，在如此繁忙、文明物質橫流之際，仍能保有靈台清明，沉浸在此玄妙世界中，去探尋生命的本質，不得不佩服其悟性之高，思路之明澈。

　　作者從宇宙的緣起，來探討生命的發生及演化，透過創造與因果的形上學概念帶我們進入一片寬廣的世界——量子世界。時間是「能量」、是「存在」，空間是「質量」、是「表達」，時間與空間是一體兩面、質能互變的；但時間又

涉及運動—距離除以運動的速率即等於時間；所以從愛因斯坦「相對論」中，時間相對性上的瞭解：速度越快，時間變得越慢。

記得以前很多神話故事中常說天上一天等於地上一年，可以從這裡得到物理學上的解釋；顯然古代的天上是指地球以外的星球或星系，他們運行的速度明顯比地球的速度快很多，才會有此現象。

談到生命的本質，從古印度瑜伽科學七個體的分類到佛陀的三法印，也是令人叫絕；可以看出不同文化中對生命瞭解的方式是不一樣的，但是本質上卻無不同。量子理論是為了探討能量而提出的：量子是能量不可分的單位，光也是量子，是一種電磁波，光是一種波動也是粒子，光更特別的是不需要介質，而電子則是質量。光電效應可說是光子形成的能量場與圍繞在原子核外電子所造成的電子波（電場）相互共振，達成能量的轉移及傳遞的作用。但是質量是符合物質界的因果律，可得知其來龍去脈；而量子是以能量的波動場域前行的，是全方位的，不能以因果律來看待。

但能量可以轉變成質量卻是存在的，可以「創造」或「發生律」視之。另外量子可以同時在這裡，又在那裡，甚至無所不在，這是違反物質界的邏輯稱為矛盾律；但量子的特性卻又超越矛盾的事實，佛家以「不生不滅，不常不斷，不一不異、不來不去」相對矛盾的否定法來呈現，是最直接

了當的表達方式，以期能透過它分辨宇宙生命的存在所遭遇的矛盾：質量中相對的兩物，能量與質量及虛空與能量之間的矛盾。量子之間的連結與互動是不受地域的限制，換句話說，在光速的能量世界中是沒有時間性的（沒有過去、現在和未來之分），物理學家所說的「蝴蝶效應」正是說明量子的非地域性；甚至有些科學家認為「可以回到過去，改變歷史」，目前正好有一部影集翻譯為《明日傳奇》，嘗試來說明這個事實的可行性，有興趣者不妨去觀賞。

愛因斯坦的「狹義相對論」如實呈現了「時空是相對」的事實——空間的相對性，是基於一切物都不是靜止的認知；而「時間是相對」是在一等速的時空中，一物的速度越快它的時間是越慢的。所以說時間開始於運動，等到能量結構成質量，便有物質之間的空間產生，有空間就有距離，然後時間就可以被度量。所以「狹義相對論」點出了宇宙生命的存在是相對的，本質上是變動不居的，不是永恆不變的，也就是佛陀所說的「諸行無常」，但等速運動所造成的慣性卻蒙蔽了這個事實。而愛因斯坦的「廣義相對論」卻顯示出「時空是一體」的本質。

以能量（量子）的觀點看生命：從宇宙的起始、生命的誕生到意識的產生，其演變過程是一連貫的演化序列；而心理、情感等意識作用也是能量在生命體演化最前端的腦神經系統內，藉由帶電離子的流動所形成的電（子）流而產生

的；所以從量子的眼光看生死，生命是「不生不滅」、永恆存在的。由此可以看出，不管是肉身體新陳代謝所呈現的生命現象，還是腦所現的心（意識）的作用，無非都是藉由電子的失去與獲得，導致能量的轉換與傳遞的表象；所以死亡是生物體失去能量接收與交遞功能的結果。

依據量子理論，一切物質來自於能量；而生命與意識的發生也是化學變化中電子的失去與獲得，所伴隨能量（量子）的交換與傳遞而顯現。

靈魂也可以說是一種能量的樣態，靈性的定義是唯人能夠全然向內覺知觀照的能力。所以修止修觀的過程，在反轉靈魂變成生命與意識的機轉，經由觀照的智慧激活受肉體限囿的靈魂（能量、氣），最終能與身體分開。

從經典上描述的靜心過程與最終的達成：起初的修止敲醒了沉睡的靈魂（能量、氣），能量在觀想的引導下，在經絡中由下往上的運行，來到腦神經中樞最高級的精神中樞邊界，從頭頂破殼而出，像一滴水回到無邊的大海與大海融為一體。換句話說，當經過修行，開啓了物質（肉體）中的能量或氣，回到了量子狀態，而融入量子世界一樣，生命又回到不生不滅的狀態。從宇宙的發生學說，虛空到生命的誕生或古印度瑜伽科學七個體的分類，從涅槃體到肉身體及佛陀的三法印，均在說明生命演化的本質，而人類任何的努力或修行，皆是要讓生命（意識或稱靈魂），重新回到能量狀態

（量子），而量子世界應該就是佛法所說的涅槃境界，或是古印度瑜伽所說的涅槃體。

　　記得不久前看的一部電影，譯名為《星際效應》，主要是探討地球瀕臨末日，接近毀滅狀態；科學家派出了很多艘太空船去外太空，探測是否有適合人居住的星球，能否移民前往或者期望從其他星球中找到解救地球的方法。而在前往其他星球的旅程中是經年累月的，所以為了避免耗費資源及能量，他們可以透過一些設備讓肉體處在類似冬眠的狀態，就好似書中所描述的「睡夢中陰」的狀態一般；在行進中空間也會有扭曲的狀態，而可以縮短兩地的距離，所以速度加快了許多；且在其他星球上自轉的速度也比地球快了許多，因此時間就變慢了；當男主角幾經波折回到地球後，已是124歲的老人，但生理上卻呈現出4～50歲的中年人，反而女兒已是垂垂老矣的臨終狀態。這也印證了：時間等於距離除以速度，速度愈快，時間就愈慢。另外在片中描述要解救地球的量子數據，因緣際會從黑洞中取得，且透過父女間類似心電感應的傳遞，從外太空傳到地球而解救了地球；可以理解心電感應就是透過量子傳遞，因為量子是不需要介質，在真空中可以無限前進。片中也闡述了人與人之間最強的引力就是「愛」，父母子女間、情侶間的愛也是無遠弗屆的；似乎也可理解成透過量子的傳遞，而在彼此間可以感受到，不

管距離有多遠。姑不論其真實性如何，但在片中描述的現象都可以在本書中得到驗證。

走筆至此，不得不反思，筆者從事30年的醫療工作，見過數千位的精神病患者，對於他們許多病因及症狀的產生，仍不得而知，目前仍以腦神經中樞中的神經傳導物質失衡為主要治療依據；透過藥物的化學作用來改變神經傳導物質的傳遞，以恢復其心理功能。而神經傳導物質在腦部的作用也是透過電子的傳遞，包括心、意識、感情的運作，這其中包含了化學的變化及物理的變化，這些的傳遞都有能量的變化；可以理解一個生命體如果意志（心力）越強，靈性越高，其能量亦越大，所以透過後天的修行可以讓心、意識（能量）越超肉體的限制而進入「量子狀態」達到不生不滅的境界。

所以佛法的修行達到涅槃境界（道家的白日飛昇或者西方宗教的上天堂，應是類似的狀態），回歸到量子世界。所以從作者深入簡出的論述中，為修行者在靈性的提昇及追求生命的本質及終極目標，提供了科學的論證及物理學的基礎；為我們打開了另一視野，而不至於停留在談玄說理，讓人無法依循，不著邊際狀態中，而徒勞無功。

因此我們在日常生活中不斷地修行，不斷地提升自己的心靈層次是有意義的，也是一個好的人生目標，值得吾輩繼續努力。

自序

2010年下半年，我看了一本從圖書館借來的書《心與科學的交會——達賴喇嘛與物理學家的對話》，大意是頂尖的高能物理學家跟達賴喇嘛闡明現代物理學的宇宙觀與量子的弔詭性，並請達賴喇嘛分享藏傳佛教思辨性哲學中對時空的看法，希望科學與宗教的交流，能夠給讀者帶來生命真理不同層次的洞見。看完以後，自己之前對於宇宙、生命的看法與觀點深受衝擊，隱約之間好像也感受到眼界提升了不少；不過卻因為對物理學家有關量子的闡述與達賴喇嘛形上哲學式的論述，多有不明白的地方，而陷入茫然不解、若有所失的狀態；後來又發現到最後也沒有人出來融合科學與宗教，依然是科學歸科學、宗教歸宗教，只是讓它們各說各話，兩者的鴻溝依舊存在。當時心中自忖，我多少應該比科學家更了解佛法，再加上我是讀生命科學範疇的醫學，對於生命的看法有其專業性的理解，就斗膽地自我期許讓自己在這件事上盡一點心力！

接下來去圖書館借閱有關量子、時間—空間、宇宙的源起與演化等等的科普書籍（如愛因斯坦相對論的相關書、英國物理學家霍金的《時間簡史》、《大設計》……）來看，就這樣努力奮戰了半年。尤其在面對相對論或量子的弔詭時，就好像參禪打坐尋求開悟那般的艱難，最後才終於功不唐捐略有領悟。現在回想起來，覺得還是沒有很懂，但仍急急忙忙地寫下

了第一篇有關量子的文章——〈從宗教冥想的進路，看量子的弔詭〉，由此可以看出我亟欲拉近宗教與科學之間鴻溝的心切。

因為自知對於量子或宇宙真相僅略懂一二，所以繼續加深、加廣這方面科普書的閱讀，同時以自己所能確知的現代物理學知識，來重新理解佛陀法教的實質內涵（一直認為佛教不是宗教，因為佛陀所說的宇宙觀與生命觀都極具科學的實證性）；並希望能夠破譯佛學艱深難懂的文字名相，還原其名相背後的事實，結果也都能如預期地獲得滿意的成果。然後，又以量子的眼界回頭重讀以前很難看懂的書《存在的絕對與真實》——史作檉老師關於形上學方法導論的著作。在這裡稍微解釋一下形上哲學與量子的關係：形上學是以人類的思考邏輯來探索「存在是什麼」的哲學，「存在」講白了就是宇宙加生命，所以形上學也就是現代宇宙學與生命科學所要闡明與追求「存在是什麼」的學問，只是它用一種形上哲學的名詞與概念來表達。而量子物理或形上學所付之闕如有關生命實質的研究與理解，我們就以現代生物醫學來補足它；甚至更以一種溯源性量子（能量）的眼光，來斟透、貫穿非生物的物理世界與生物生命意識的世界之間的界線。例如以能量的轉移與傳遞來闡明生命的現象（也就是生命的新陳代謝），而生命意識（如人類的感情、思考、情緒……）的意識作用，也以腦神經電流傳導（也是能量的傳遞與轉移）與神經循環回饋、傳導的模式來理解它。

至於靈魂是什麼、是否永生不滅，則一直是人類感到好奇與神祕的課題。我們也指出靈魂是能量的一種樣態，再以實驗心理學對於靈性（soulful）指數的定義，闡明靈魂在生命裡面的功能與作用，並在量子物理、宇宙學、形上學、神經精神醫學……的佐證下，暗示出靈魂的真相。

　　從以上的說明可以看出附錄3〈從量子物理、宇宙學與形上學的觀點細說靈魂〉的構思與內容，是用形上哲學為存在所提供的形而上架構，來跟量子物理與宇宙學相互發明、驗證，並且由後者賦予形上學形而下且具體的內涵。在同樣的理則之下，附錄5〈以量子物理和神經精神醫學的進路，闡明佛教的唯識學〉則是先以量子的眼光，點明人類意識（感官的刺激與神經電流的傳導）發生的基礎也是能量；然後再以佛教唯識學八種意識的理論，來與現代神經精神醫學的科學實證相互闡發與印證，以揭開生命意識的神祕面紗。

　　而在面對人類最終極的關懷——死亡，則是依佛教「中陰身」概念所描寫的死亡過程為藍本，以靈魂（能量）為輪迴轉世的中介與樞紐，再用神經精神醫學與精神分析的潛意識結構理論，來解析生死的歷程，探索死亡的奧祕。

　　2012下半年，大學同學顏慕庸醫師在陽明大學開設人文醫學選修課「身心靈實證的生死學」，剛好他在我的網誌上看到〈量子的弔詭〉和〈中陰身〉這兩篇文章，覺得很適合生死學的課程，便在學期中邀請我跟同學們分享；第二年起，就給了我兩個上課的主題—「量子世界裡的宇宙觀與生死學」和「從

宇宙觀談靈魂學和生死學」，顏醫師的意思大概是要我負責「生死學」關連到「量子醫學」的部分。

後來，上課用的PPT大綱大體上是從附錄的五篇文章中整理出來的；現在為了出版書籍編排的關係，就依兩堂生死學的上課大綱加以延伸鋪排，寫成兩篇講義式的文章，成為這本書的主體內容。也因為這樣，本書各篇文章在不同主題的關照下，雖然會增加一些切合主題的內容（例如課堂上的生死學會談及醫學方面有關安樂死、自殺或生命輪迴的探討等等），但是最終總得涉及到存在根源性的觀念，所以在宇宙生命真理的陳述上，常常見到重複的地方。也只能說：因為它們很重要，所以要多說幾次。

最後，我們且再問一次：「量子」是什麼？「量子」是物理學家為了探究何謂「能量（宇宙萬物、生命與意識產生的由來）」以及如何去量化它而給的單位名稱。在此讓我們以一種無限高深、久遠的量子眼光，娓娓地訴說生命，探索生死！

P.S.應朋友於書出版後成立讀書會的建議，我們先於臉書設立粉絲專頁：《量子生死書》讀書會，有興趣的朋友歡迎加入，互相分享與切磋。

目　錄

前言

陽明大學內科學系副教授 **顏慕庸**

背景

　　台灣醫療百年基業在邁入二十一世紀後出現了重大轉折。隨著長庚創院引進醫院管理制度，加上健保制度捨棄分級醫療倉促上路，過去基於醫術醫德以醫師為中心的醫療志業逐漸為功利之績效獎金制度所取代。而隨著各方競逐論件計酬與醫病糾紛的防禦性醫療，在有限的健保資源下，往昔醫者的神聖使命亦漸淪為血汗醫療。

　　同時台灣日益嚴峻的老化社會以及癌症殺手仍然考驗著生命末期的困境；縱令醫學持續進步，冰冷先進的儀器與插滿全身各式管線的末期病患，讓不可避免的死亡，變成非常艱辛的過程。因此爾近各式省思與改革漸次浮現，希望能夠翻轉過去二十年醫療走勢軸線，回歸到醫者以人為本的核心價值。

安寧療護

　　馬偕醫院於1990年成立臺灣第一家癌症末期病患之安

寧病房,而有「臺灣安寧療護之母」稱號之趙可式,則於 1987年赴英國投入現代安寧照顧創始人桑德斯（Cicely Saunders）門下學習hospice「安寧緩和醫療」。趙可式 1993年回國後除了親身投入第一線臨終病人之照護,更引領國內風潮在2000年經立法院三讀通過了包含癌末與非癌生命末期安寧照護之《安寧緩和醫療條例》。

　　同時以柯文哲與黃勝堅為首的急重症醫師,在加護病房裡以最先進的醫療科技甚至葉克膜竭盡心力地從死神手中搶救病人性命。然而看透了多次生死交關的無效醫療後,彼等終於體悟到醫療的極限,轉而開啟了病危病人善終之路,成為台灣重症加護安寧照護先驅。黃勝堅醫師在這基礎下更一路從偏鄉的台大金山院區到台北大都會區的台北市立聯合醫院成功開創了居家安寧模式。過去數十年已經習於醫院照護模式但已日漸面臨快速老化嚴苛考驗的台灣社會,從而開啟了全新視野——生命末期病患終得以回歸那失落已久的「壽終正寢」,而醫者也重新尋回重視生命價值的核心使命。

　　世界衛生組織在1990年所宣告的「緩和醫療原則」,明白指出重視生命並視死亡為正常過程,生與死並不是對應的,而是一種延續。「緩和醫療原則」應將病人、家屬以及醫護團隊視為一體統合運作:支持病人以至善終,協助家屬調適哀痛適應,醫療團隊保持良好士氣並強化照護

能力。其中對於醫護人員的功課而言，最重要的還是學習死亡學，探討生命之真義，具備同理心：唯有參透生死，方可溶入安寧療護達到生死兩相安。

WHO「緩和醫療原則」同時強調病人心靈的照護；生死學畢竟不離身心靈之探討。原本「身心靈」一體不可分割的「全人」醫療，受到西洋文明「化約論」reductionism的影響，導致西方醫學對於人體生化生理乃至病理的醫學發展偏重「身體」之探討，除了精神醫學以外絕少觸及「心識」活動的思辯，更將「靈」的部分切割於科學疆界之外。然而近年人工智慧興起，可預見將來有形「身體」部分的醫療將大量為AI所取代，而醫者真正的價值唯有深入探索身心靈，進而深入「醫生也顧死」的生死學，方得突顯在生命照護之藍海價值。

關於死亡

死亡，在我的工作中如此熟悉的因素，現在造訪我本人。我們就在這裡，終於直視彼此，然而它似乎沒有任何我能辨認的特徵。

——神經外科醫師Paul Kalanithi 1977-2015 (註1)

〈註1〉
《當呼吸化為空氣：一位天才神經外科醫師最後的生命洞察》，時報出版，2016/08/02。

　　台灣過去二十多年來一路發展至今的安寧療護潮流，卻仍有許多醫師未能體認到「要醫生也要顧死」的時代趨勢。這一代醫師早年在醫師養成教育階段鮮少觸及「生死學」的議題，因此多只能以對「生死之無知」來面對「生命之未知」。近年醫學教育改革開始注重生死學與身心靈的生命教育，筆者於2012年因緣際會開始在陽明大學開設醫學人文「身心靈實證之生死學」選修課程，希望在近年全球醫學熱門議題「健康識能」health literacy的基礎下啟發醫學新鮮人「死亡識能」death literacy的生命教育，面對生死探討「生命的未知」。所謂生與死並非對應，而是一種延續：除了延續對於家屬的哀傷撫癒，生命未知的部分——死亡本身——會是怎樣「延續」的狀態呢？

　　回到太始之初的混沌，人類文明起源之初，由於有限之知識工具，僅能以肉身最基本之「眼耳鼻舌身意」等六官與大自然進行互動與探索。其中包括「眼耳鼻舌身」五官身蘊的「體」及第六官所謂「意會」，亦即思想之為用以補現實工具之不足。然而正是在此沒有「科學疆界」或「證據說話」等框架侷限的環境下，人類開啟了文明史上第一次蓬勃發展的年代。運用第六官之思想導師們，與自然互動時面臨著最基本的生老病死苦等現象，醫學哲學科學甚至宗教都各自圍繞著整體大自然，發展出各自之論述。

西方文明在兩千年前基督教興起，並同神權與帝王專制發展，反倒限制了人類對於自然開放的觀察與思考。一直到十四世紀黑死病鼠疫侵襲歐洲方才扭轉此一桎梏。傳染病所引發的神職人員死亡，間接造成中世紀宗教威權紀元崩解，開啟了文藝復興的年代。而統計登錄每日因鼠疫死亡及殘存的人口數，也開啟了「以數據進行管理」及近代科學文明以實證（physical evidence）為導向之先河。然而由於當時宗教與科學兩者互不採線的妥協，導致兩者在500年前分道揚鑣。而對於「生命的未知」──死亡的探討從此一切而二。 死亡，到底是個一年四季「春夏秋冬」春生而冬亡的句點；或可能僅只是個一年四季「冬去春又來」的分號？ 宗教上的演繹當然很清楚；然而面對著主流科學訓練、講求證據說話的醫學新鮮人，越界深入討論死亡以後延續的議題，往往被歸類於宗教狂熱或偽科學的非主流論述而難登大雅殿堂。其實從科學角度觀之，死後的「未知」仍然屬於things we can not know科學極限的範疇（註2）。科學的疆界原本就挑戰著人類的好奇心以待一代又一代地跨越去擴張科學的視野。如果不去追問「死亡」探究的話，當然就會有「無論任何疾病，甚至生命末期都要盡一切力量與資源甚至以葉克膜維繫住病人最後的那一口氣與心跳」的作為──因為在那以後真的灰飛煙滅，什麼都沒有了。

〈註2〉
What We Cannot Know: From consciousness to the cosmos, the cutting edge of science explained. Marcus du Sautoy– 18 May 2017. 4th Estate,HarperCollins Publishers.

科學與宗教的匯流

　　十七世紀牛頓開啟了近代物理學，在天穹探測無盡蒼穹「其大無外」之大宇宙。而十八世紀後醫學的發展則由個體物質出發往內、往下解構器官、組織、細胞、分子、原子、電子、中子、質子、夸克……探索細胞萬象「其小無內」之小宇宙。大小宇宙至今仍在等待那足以檢視所有萬物原理theory of everything的交會點，而二十世紀初量子力學興起，方才點亮那盞最後統合的曙光。科學一路發展到近代之量子力學，總算讓人們得以嘗試彌平五百年來科學與宗教的分歧，或連結起所謂生死學與身心靈之理性討論。

　　偶然的機緣拜讀了廖敏洋醫師早年一篇量子力學的文章之後，眼睛為之一亮，那可是我看過中文論述裡闡述最清楚的一篇文章了。因此在2013年規劃課程時，便提出了「量子世界裡的宇宙觀與生死學」、「從宇宙觀談靈魂學及生死學」由敏洋兄擔綱授課。廖醫師自學生時代起即廣涉群書經典，深入宇宙物理學與佛學心識之經藏，常對學生形容他的課程深度彷如佛學院博士班之堂奧。可惜兩堂

課四小時的時間實在有限，廖醫師因此再度發揮文字論述魅力，歷經多時寫出了這篇也算是課程補充教材的新書。廖醫師在書中闡述了量子物理、宇宙學與神經精神醫學的進路，連結起物理學與生命科學的對話，揭開人類意識、靈魂的神祕面紗。真可謂直搗生死未知的奧祕，而讓吾人再度窺見原始太初之圓融。

「身心靈實證之生死學」這堂課，加上廖醫師在課程中發展出來的這本書，透過對於人類文明與醫學史的發展探討身心靈全人醫療之實證醫學，同時從宗教、哲學與科學的角度切入討論安寧照護以及生死學。希望對於孜孜陽明學子在習醫初期，即能養成具備人文關懷及悲憫眾生宏觀格局的醫者人格。同學們在未來的人生歷程，將不會再侷限於專科或器官的思考模式，從系統面回歸探討身心靈人文與醫學之本質，而回歸醫者天職之初心，並養成「全人」醫學及「上醫醫未病、上醫醫國」的宏觀視野。也希望一般讀者經由此書所推衍出生死學之宏觀認知，體認到天地自然運行之道，樂活當下盡情發揮這一趟有意義的人生之旅。

量子世界裡的宇宙觀與生死學

S1　存在是什麼

自有生民以來，人類的兩大疑問與追索：

1. 生命是什麼？
2. 生命所寄託的宇宙又是什麼？

存在是宇宙與生命的起源、發生與演化。

S2　宇宙的起源與演化

・起源：

發生、創造（異熟）

O→A　O與A不屬同類同一層次的存在：創造

異熟：變異、異類、異時而熟

・演化：

屬因果

A→B→C→⋯⋯→N→⋯⋯∞

　　當初顏老師〈註〉擬給我「量子世界裡的宇宙觀與生死學」這樣的講題時，我當下拍案叫絕，隨即聯想到這不是形上哲學家無時無刻在思索面對的問題嗎？你或許會詰問：「尋常百姓天天奔波顧三餐都來不及了，哪有閒暇去思考如此根本性的大哉問？」每個人在一生中總免不了遭遇苦難與橫逆；在無可告人極端痛苦的時候總會這樣問過：「我的命到底怎麼了？而生命是什麼？」「為什麼」的追問必然會涉及到事件發生的時間與空間，而時空不就是宇宙的意思嗎？所以，自有人類以來，不管人過怎樣的生活、從事什麼樣的職業、有知或無知，或隱或顯地一直都在追索探問：「生命是什麼？而宇宙又是什麼？」然後人類的好奇心又會把問題歸結到：「事情是什麼？為什麼會發生？如何演變？最終會如何？」這樣根源性的疑問上。比如20世紀初期西方存在主義哲學的興起，就是因為18世紀以來的工業革命與科學的昌明；雖然造就了前所未有的輝煌文明，卻也帶來毀滅性的災難——兩次世界大戰，因而引起人類深刻、存在性的反省。

　　說到宇宙的源起、生命的發生與演化，就得帶到「創造」與「因果」這兩種形上學上的概念；創造是O變成A（O→A），O與A兩者為不同類、不屬同一層次的存在，沒有邏輯上的因果關係。佛教唯識學中異熟識（阿賴耶識）的異熟（異類、異時、變異而熟），與西方一神宗教

上帝的觀念，都具有這樣創造的意涵；而演化是A變成B再變成C、D……N……∞(A→B→C→D→……→N……→∞)，A、B、C、D……N……∞則屬同一層次、同類性質的存在；而且個別物（A、B、C……N……∞）之間也可以找到因果關係。至於「發生」為什麼會發生，「演化」為什麼又好像能無限地演化下去，那就不是人所能措其詞的了。

S3　現代的宇宙發生學說

虛空→大霹靂→宇宙→星系→太陽→地球→生命

Everything from physics to biology, including the mind, ultimately comes down to four fundamental concepts: matter and energy interacting in an arena of space and time.

S4　Empty→Big Bang→Energy→Matter→ Time→Space

・**虛空→能量的有→質量的有**

・**{ } →O→(1→2→3→……→N……→∞)**

・**虛空——→類——→序列**

・**宇宙←————————————→生命**

・**高←————能量————→低**

・低←—————意識————→高

　　從現代物理學的理論與天文學的觀測發現，科學家大致確信宇宙的起源來自大霹靂（Big Bang），大霹靂發生之前，時間是靜止的（t=0）；大霹靂開始後，無限強大、極高溫的能量向十面八方爆炸膨脹而去，時間開始計數。（時間涉及運動，若把它簡單具象化成一個眾人皆知的算術：距離除以運動的速率，所得的便是時間。這在瞭解愛因斯坦《相對論》中時間的相對性上：速度愈快，時間變得愈慢，也可以比照推論理解。）而時間的方向即能量爆炸膨脹而去，從高溫到低溫，也是從能量到質量的方向。大霹靂發生以後，隨著溫度的降低，各種不同量子態的能量互相碰撞結構成不同的粒子，因而產生質量。有質量的存在，才有所謂的空間─空間就是質量與質量相互間的位置。如此可以看出時間與空間是一體的兩面：時間開始，能量變成質量，空間因應而生；而時間與運動相關，運動需要能量。所以也可以說時間是能量，而空間是質量。以形上學的話來說，即時間是「存在」，而空間是「表達」。

　　大霹靂爆炸是以「暴脹現象」——在無限短的時間內，從無窮小的空間，膨脹擴張到不可思議大的範圍——發生的，這造成分布在宇宙各角落的能量星塵密度不一；

密度大溫度高的星雲互相聚集在一起，在質量之間的重力急遽上昇之際，加上「暴脹現象」所產生宇宙無敵第一大「重力波」的推波助瀾之下，於星雲的中央形成一個很大的黑洞——以黑洞為中心，成螺旋狀旋轉的星系（銀河）於焉誕生。

恆星（太陽）也是星塵因為重力的作用引發核融合反應（氫彈爆發）而形成的；太陽所產生的能量與星系中心的黑洞比較，簡直小巫見大巫，不可同日而語；再來地球的誕生，則只與重力所引起尋常的物理作用有關，而與核能無涉。到了有關生命的事情出現，所牽涉的能量更是以微伏特（微：一百萬分之一）為單位來計算；跟宇宙尺度的能量相比，微小到可以忽略不計。到此可以看出，宇宙源起的那端，能量無限大，沒有意識；而生命這邊，能量極端小，卻能開出五彩繽紛的意識花朵。

雖然人類還沒有能力在實驗中證實「大霹靂能無中生有地蹦然而出」，但由高深數學的理論和能量量子的特性來看，科學家目前大多相信宇宙的起源來自虛空。而以數學符號 { }（空集合）→0（零）→（1→2→3→……→N→……→∞）（自然數列無限的延續性），來類比宇宙生命起源與演化的過程，是要顯示數學「類」與「序列」的概念在實證科學領域上的應用。

S5　古印度瑜伽科學七個體的分類

涅槃體→宇宙體→靈魂體→精神體
→思考體→感情體→肉身體

Nirvana Body→Cosmic Body→Spiritual Body
→Mental Body→Thinking Body→Physical Body

S6　佛陀的三法印

諸行無常　諸法無我　涅槃寂靜

　　西方文化在面對一切自然物的時候，慣以二分對立（如心對物、主體對客體）的方式，運用邏輯思辨、數學運算等各種方法與理論，來實驗並研究、分析對象物。這種外向式科學實證的精神，其所理解的宇宙生命源起，把一切存在物歸源到無窮久遠（大約138億光年）以前的大霹靂；而東方文化對於外界現象的解釋，講求的是「心物不二」、「萬物皆備於我」的精神，一切都向生命的內在去追索、覺知與觀照，希望達到一種「主客不分」、「天人合一」的境界。

　　數千年以前，古印度瑜伽科學，在對生命向內靜觀冥想的過程中，就把現代一切存在的源起與演化理論，用非

常科學性的名詞描述出來：生命從外在最粗糙的部分，到內在最精微的存在，可以分為七個體：肉身體→感情體→思考體→精神體→靈魂體→宇宙體→涅槃體（虛空體）。涅槃體即發生大霹靂（宇宙體）的虛空，而靈魂體則是與個體生命相關聯的「能量」；至於肉身體到精神體這四個體，講的是人的身心（心即腦神經不同的意識功能）結構。相對於現代宇宙生成的理論，瑜伽科學把根源生命萬有的虛空，置放在每一個人的內心最深處；彰顯出生命自體與存在整體在本質上是相同的。

　　至於提出佛陀的三法印，是說明瑜伽科學是佛陀所承繼的古印度文化傳統的一部分；就像開啟中國春秋、戰國以後兩千年人文文明帝國的孔老哲學，必溯源自堯、舜、禹、乃至文王、武王和周公一樣。三法印所描述的真理與現代的宇宙論、生命觀或七個體的理論，是一致且連貫的：一切的本源是虛空（涅槃寂靜、涅槃體）；存在的特性是恆轉流變、不停的演化（諸行無常）；而萬法的變動不居也不是人的主觀意志所能夠掌控的（諸法無我）。

S7　量子是什麼？

$E=mc^2$（**質能互變：能量＝質量乘以光速C的平方**）
・**量子是能量不可分的單位，可能存在的最小量。**

- 光是量子的一種。
- 光是一種波動，也可以是粒子。
- 光是電磁波。
- 光不需要介質，在眞空中可以無限前進。
- 光速C＝30萬公里／秒。
- 電磁波包括無線電波、微波、紅外線、可見光、紫外線、X-射線和伽瑪射線。

　　「能量」無疑是現代科學才有的概念，但是原始人類在蠻荒的大自然中生活，老早就能感知到「能量」的存在，並嘗試以「氣」來描述它。例如在文字發明以前，原始文明的神話故事裡，人是因為上帝吹拂的一口「氣」，才被賦予生命的。而在養生保健上，中國人也很早就有練「氣」、養「氣」的實踐。但是「能量」摸不著、看不到，於是上古人類以看得見的「血」來替代「氣」，「血」因而變成生命的代名詞，也是具有「能量」的象徵。原始自然宗教常有「血祭」、「殉葬（活祭）」的儀式；而《舊約聖經》中告誡猶太人不可食用帶「血」的肉——因為有「血」，所以有生命；以及後來耶穌的寶血是有大能的，能洗淨人類的罪，都是依循著同樣的信念演變而來的。至於中國傳統醫學可以說是研究「氣血」——「氣衛營血」的生命科學。

二十世紀初，愛因斯坦以數學推演出質能互變的公式：$E=mc^2$（能量E等於質量m乘以光速c的平方）；因為光速每秒高達30萬公里，所以質量假如能夠完全轉換成能量，只要一丁點質量就能產生無比巨大的能量；而這直到原子彈、氫彈的發明，才把質能互變的理論化為實際的物理現象。

　　量子理論可以說是為了一探能量到底是什麼而提出的。經過一百多年，科學家不斷地以實驗來驗證、修改理論，現今為大家所接受的量子與能量之間的事實，可以綜述如下：

　　量子是能量不可分的單位，也是可能存在的最小量。這樣的說法有一點科學形式概念化，所以讓我們以跟生命息息相關又顯而易見的「光」（太陽光、可見光）來做說明：光也是量子，它是一種電磁波（電場與磁場相激相盪，逸出的能量以量子態的電磁波放射出）；其中可見光分為紅、橙、黃、綠、藍、靛、紫七種，可以看出電磁波是以不同的頻率與波長存在，而其所具的能量與頻率有關，頻率越高，能量越大。至於頻率的範圍，說是人類所不能窮盡也並不為過；所以所列舉電磁波的種類：無線電波、微波、紅外線、可見光、紫外線、X-射線……，都只是我們能夠偵測到或與生活相關的。

　　對於量子本身而言，它是一種波動。科學家為了決定

光是波還是粒子，得用光去探測它：而光受到能量的干涉，便頓時轉為粒子的狀態；所以對我們而言，光是波，也是粒子。物理學家曾以一個很白目又矛盾的譬喻說明這樣的情況：你不看月亮的時候（月亮是量子波動），月亮不在那裡（這個月亮指的是粒子的月亮）；你看月亮的時候（波動變為粒子），月亮才在那裡！

至於說光不需要介質，也著實折騰科學家好一陣子；因為在我們這個質量的世界裡，水波需要水，聲音需要空氣當媒介來傳遞──凡事必要有所待，是理所當然的事。哪知電磁波以一種獨立絕待的姿態，行走宇宙；在沒有阻擋物的真空中，可以無止盡的往前行！

S8　西元1865年詹姆斯馬克士威發表電磁學方程組

時變的電流（電子波）→電場→時變的電場→磁場→時變的磁場→電場→時變的電場→磁場→……連續不斷的電場、磁場的交互作用會產生電磁場

電磁場發生的同時，會產生電磁波（不同的頻率與不同的波長）

在我們回顧科學家探索「能量是什麼」的過程中，重溫一些有關量子的重要理論與事實之前，有必要先把電子的特性說明清楚，並與量子做比較，就會發現兩者具有一種夫妻般互為表裡且不可分的密切關係。

　　相對於量子是能量可能存在的最小單位，電子則是質量，但是沒有大小（有質量卻不占空間──矛盾！）。量子以波動存在，對人而言，也可以說是粒子；電子具質量，當然是粒子，但它卻也可以呈現能量波動的性質──也就是連續的電（子）流，能夠產生電子波（不是電波，電波即無線電波，是電磁波。）而所謂的「波」，就是波動傳遞的能量或電流，能夠形成「場」──場域。就像一個光源放射出光，光源是圓錐體的頂點，光亮則呈圓錐體那般擴散而去；一如月亮反射太陽光，地球在面對月亮的那一面，呈展出「千江有水千江月」的景象，而不只是粒子般一個月亮大小的光明。量子不帶電；電子則帶負電荷，所以電子常圍繞在帶正電荷的原子核、離子與各種化合物的周圍。量子以可見光為我們所見，而電子則因為比可見光的波長小，所以人類沒辦法看見它。但這兩者不管是在生命的裡面還是外在的器物世界中，都能確實證明它們的存在。

　　1865 年英國的科學家詹姆斯馬克士威（James Maxwell）發表電磁學方程組，以一組物理的數學方程

式，把電子、磁場與光（能量、電磁波）統合在同一個電磁現象：連續時變的電流會產生電場，然後時變的電場產生磁場；接著時變的磁場也能夠引發電場，如此接連不斷的電場、磁場的交互作用所產生的電磁場，就能夠激發出電磁波（光、量子）。

馬克士威的電磁學理論，隨後由德國物理學家赫茲（Hertz, 1857-1894）設計的實驗所證實：兩個金屬球以一定的距離相對，各以電線纏繞在金屬球上面，電線的另一端插上電源，給予電流，金屬球因為電流的關係，變成磁鐵；兩球之間於是產生磁場，磁場再引起電場，如此磁場電場相互激盪，放射出電磁波。我們可以用圍繞在金屬球上的線圈數目和電流的電壓，來調控磁場電場的強度，以便產生不同頻率的電磁波為我們所用，如電磁爐、微波爐、X光機……等等。

S9 光的量子效應（Quantum Effect）或叫 光電效應

量子效應是愛因斯坦發表的一篇論文，為表彰他對量子物理的貢獻，他以此獲得諾貝爾物理獎。

從19世紀末到20世紀初期，量子力學（如此天書般的名詞，任憑你如何淺顯地解釋清楚，也會叫人如墮五里霧

中，不知所云；簡單地說到底，就是人類探索「能量是什麼」，並試圖量化能量而提出的理論。）開始萌芽，愛因斯坦於1905年發表光電效應（量子效應）的論文，奠立量子力學良好的基石；1921年他就因為對量子理論發展的貢獻而獲頒諾貝爾物理獎。

　　光電效應是這樣的：光（光子）打在金屬原子核外的電子層中，光的能量會為電子層吸收；假如光的能量（與光的頻率有關）大於最外層電子逸出原子所需的能量，電子就會與原子分離。此時原子如果再獲得一個電子，也會激發出光子；而如果光的能量小於電子逸出的能量，光就會被反射出來，就像金屬反射光線那樣。從這樣一個簡單物理現象的描述，就把量子與電子波動的特性給顯示出來：光（子）形成的能量場，會與圍繞在原子核外電子所造成的電子波（電場）相互共振，達成能量的轉移與傳遞的作用。假如光子與電子不具波動的性質，就不會有光電效應的產生。

　　後來有科學家為了科學理論形式的精確性，建議以這樣來理解光電效應：電子與電子互相接近、吸引會放出能量（光量子），而要把電子與電子分開則需要給予能量。

S10　基本粒子的種類

1.輕子：以電子為代表。

2.夸克。

3.規範玻色子：光子、重力子……

4.希格斯玻色子：上帝粒子。

光（子）與電子之間看似一般卻蘊藏無限奧祕的獨特
關係，在近代粒子物理學標準模型的基本粒子理論中，有
進一步的界定與說明。基本粒子是物質組成最基本的單
位，在希臘古典哲學的時代，哲學家認為構成一切物質最
基本的單位是原子（atom，不可分割的意思）。到了二十
世紀，科學家果然證實原子的存在，而且原子是由原子核
與圍繞在原子核周圍的電子所組成，在此電子便屬第一類
基本粒子——輕子——的代表；後來科學家又發現原子核
是由質子和中子所構成，但直到人類發明粒子加速器，能
使粒子加速對撞裂解質子或中子，才知道質子和中子是由
第二類基本粒子——夸克——所形成的。

輕子（電子）和夸克還是與原子內部結構有關的基本
粒子，至於第三類基本粒子——規範玻色子——則是在粒
子之間起媒介作用、傳遞交互作用的粒子。光（子）就屬
於規範玻色子，它是傳遞電磁（場）交互作用的粒子；這

定義了光與電子專屬的關係。電磁場的產生與電流（子）相關，所以我們可以用下列方式來理解傳遞交互作用力：電子與電子互相靠近，會放出光子（能量）；而要把電子與電子分開，則需要給予能量（光子）。同理也可以用來瞭解另一個規範玻色子：重力（引力）子，重力子是傳遞物體之間重力交互作用的基本粒子：兩個物體相吸相近，會放出能量；而要使它們分開，則需要給予能量以對抗兩者之間的引力。只是，人類雖然確定了重力子的存在，卻一直沒有能力知道它到底是什麼？

至於第四類基本粒子：希格斯玻色子（Higgs Boson）是最後被發現的基本粒子（電子則是最早被知道的），它被暱稱為「上帝粒子」，於2012年7月在歐洲核子研究組織內的大型強子對撞機（目前最強的粒子加速器）實驗中被偵測到。它的發現證明了為什麼有些基本粒子有質量、有些則沒有的物理理論。

基本粒子雖然只分四類，卻族繁不及備載，有61種之夥。但是我們不用對不能認識家族中的每一分子而感到抱歉，因為大部分的基本粒子只出現在高能物理學的實驗中，而且都即生即滅，剎那蛻變而湮滅；在宇宙悠久的歷史中，只有光子、電子、重力子從很久很久以前，就一直存在於大自然中，見證著生命的發生與演變。

S11 量子的三個弔詭

1.客觀的隨機性。

2.疊加（Superposition）。

3.非地域性（No Locality）。

量子是能量，而我們所依存的是質量所形成的世界；質量雖然是能量所構成的，但兩者可以說存在於兩個不同等級的世界。量子的本質與其所顯現的特性，與根源於質量、屬人思考邏輯的三個規律性互相背反；也就是說，從人類的觀點來看量子，它有三個弔詭性：

量子的弔詭之一——客觀的隨機性，它違背了物質界的因果律。質量的因果律是從一物當下的狀態，我們可以得知它從何而來，且將往哪裡去；但是量子是以能量的波動前行擴散而成為場域，它現在或過去在何處，未來又何往，只能以或然率來表示，說不得明確的因果關係。對於量子客觀的隨機性，愛因斯坦曾不解而感性地說過：「上帝是不擲骰子的。」意即上帝不能以隨機的或然率來創造宇宙。讓我們以邏輯的形上思辨參照現代的宇宙學，來釐清人類面對兩個不同等次且不能類比的世界（能量VS.質量）所造成的混淆、矛盾與衝突；物體的運動是單向的、線性的，自然是遵守因果律；而量子運動的方向是全方位

的，分不清哪個是原因，哪個是結果。再說量子都是一個樣，能量就是能量：E→E→E……，不像質量那樣因果各異：A→B→C→D……，所以物質的因果律不能適用於量子的世界。倒是能量轉變成質量這種因果不爽的事實，我們叫它做「創造」或「發生律」，意思是說創造者與被造物不屬於同一層次的存在，雖然我們知道它就這樣發生了，但是我們並不知道它是如何發生的。在宇宙源起與演化的存在序列中，另外有一種情況也是符合創造律，那就是虛空產生大霹靂（能量）。科學家對於能量的「有」已經是到了一說便錯，愈描述就愈離譜的地步；我們還是把虛空的「空」歸之於不可言說、不能表達的境界吧！

量子的弔詭之二——疊加。疊加的意思是量子可以同時在這裡、又在那裡，甚至無所不在。從量子以電磁波波動的方式，全方向向前運動而形成場域的特性來看，我們可以輕易地理解疊加的現象。疊加所違反器物界的邏輯是矛盾律———物A不能同時是一物A，又是～A（非A，不是A）——同時在這裡，又不在這裡。量子疊加之超越矛盾的事實，讓人不禁想起古時聖哲為了表達那形上超絕物如「道」、「上帝」、「佛性」、「無限」、「絕對」……等等，所用的矛盾表達法；其中佛教表達得最為直接了當：例如在大乘經典中，為了彰顯什麼是「中道」，用「不生不滅，不常不斷，不一不異，不來不去」

——生滅、常斷、一異、來去——相對矛盾的否定法來呈現它。說到矛盾，應該分辨宇宙生命的存在所遭遇到的三種矛盾：質量中相對的兩物、能量與質量，還有虛空與能量之間的矛盾。

量子的弔詭之三——非地域性。所謂地域性，是指兩物之間能不能夠相互作用、影響，是要看兩者之間的距離與空間的大小來決定。譬如你要打人、罵人、瞪人，總得要你打得到、他要聽得到，而你要看得到吧！那麼量子的非地域性，便是量子之間的聯結與互動，是不受地域的限制。你對眼前量子的刺激，引起「這個」量子反應的時候，與它相關的量子，不管距離多麼遙遠，也會同時產生相同的反應。我們可以這樣理解：當光以波動擴散瀰漫而成場域的時候，藉著電磁波全方向的運動綿綿相連而成為一個整體無分的能量場，你作用在這個場一隅的信息，就會以光的速度沒有時間差地傳遍全場。這在光的雙縫實驗中獲得了確實的證明：當我們以光來探測眼下的光是波動還是粒子時，實驗中的光受到外來光能量的干擾，霎時由波動轉變成粒子，這種變化還能回溯至以前，把先前連續到現在之光的波動也改變為粒子。在此不但驗證了量子的非地域性，還顯示出在光速的能量世界中，是沒有時間性的（沒有過去、現在和未來之分）；科學家倒是這樣認為：我們可以回到過去，改變歷史。

物理學家所說的蝴蝶效應是：這裡一隻蝴蝶的翅膀擺動，能夠引發千萬里遠外一個颱風的形成。這個譬喻就是用來說明量子的非地域性。

S12　光與狹義相對論

· 等速運動的參考座標系裡，物理定律都是同樣適用的。
· 空間的相對性。
· 時間的相對性。
· 因為等速運動所造成的慣性，讓我們產生時空是絕對的假相。

　　西方古時候的天體論認為地球是宇宙的中心：地球是靜止的，太陽繞著地球而轉。以人類當時所能夠觀察到太陽早上從東方升起，傍晚日落西山的現象來看，「地球是中心」的說法實在也無可厚非；等到人類發明望遠鏡，能夠望向更深、更遠，才發現太陽是太陽系的中心，而地球是繞著太陽轉動；到後來，我們才知道太陽也不是世界的中心，它更是繞著銀河（星系）的中心運轉；然後星系的中心也不是整個宇宙的中心，而是億萬個星系圍繞著138億光年無限遠的宇宙中心而運動。這種「凡是存在的，都是恆動著」的事實，與源自於西方一神宗教所強調的「絕

對」與「永恆」之「時空是絕對」的觀念，大相逕庭。愛因斯坦於1905年發表的《狹義相對論》，就是以宇宙的眼光，超越人類之前以地球或太陽為中心的觀點來看宇宙，如實呈現「時空是相對」的事實。

空間的相對性，基於一切物都不是靜止的認知，是可以很輕易地被理解與接受。它是說：要衡量兩物之間的位置、速度、距離等空間性的關係時，必需考慮到兩物都是處於運動的狀態中。不過這樣的敘述顯然與日常的生活經驗不符：假如兩個人在安靜中相對無言，隨著時間的流逝，兩人之間何嘗有空間上的變化呢？現在大家都知道我們所處的地球是以極高的速度自轉和繞著太陽公轉，為什麼我們卻感覺不出地球在動呢？愛因斯坦在《狹義相對論》中要描述時空的相對性之前，就以一前提式的陳述，釐清了其中的疑惑與不解：在一等速運動的參考座標系裡，物理定律都是同樣適用的。這句話的實際內涵是：地球的自轉與公轉是一等速的運動，因為等速運動所形成「慣性」的原故，給了我們地球是靜止的錯覺（就好像在等速的飛機上，不覺得飛機在動一樣。）雖然是一種錯覺，在功用上卻給了我們一個不動的空間，以供各種物理定理運作的絕對背景與標準。在一個等速的空間之內，空間的相對性好像失效，但在不同速度的空間之間，假如我們要做太陽系內、恆星之間或星系之間的旅行，就得時時盤算著

現在身處哪一個相對的時空，然後下一步又要往哪一個相對的時空。所以即便未來宇宙旅行可以成真，也沒有我們想像中那麼神勇與來去自如。

至於「時間是相對」的意思是在一等速的時空中，一存在物的速度愈快，它的時間會過得愈慢。在闡述時間的相對性之前，得先把時間的物理學定義說清楚，因為一直以來，人類對於「時間是什麼」總是充滿莫大的迷惑與神祕的想像。宇宙學家認為時間開始於宇宙源起的「大霹靂」，與大霹靂幾乎同時發生的「暴脹現象」造成能量（粒子）以不可思議的速度向十面八方暴脹而去；所以說時間開始於運動，等到能量結構成質量，便有物質之間的空間產生；有空間，就有距離，然後時間就能被度量：時間＝距離除以速度。

以地球為例，年、月、日、時、分、秒時間單位的決定，取決於地球自轉與公轉的速度與距離。所以在不同的座標系之間，因為運動的速率與距離不相同，時間也會跟著不同。就像火星的一天，必然與地球的一天不一樣—時間是相對的。但是在同一等速的時空中，為什麼還會有時間相對性的現象呢？例如A與B同在地球上，相距3萬公里，兩者靜止不動，則A到B或B到A，光需要0.1秒的時間，讓A和B同時感知對方的存在與距離；但假如兩者皆在黑暗中，則跟他們是不存在的意思是一樣的。現在B往與

AB直線垂直的方向行進0.1秒到達B´的位置，則AB´大於AB兩點之間的距離（直角三角形的斜邊大於任一邊的長度）；如此A費了0.1秒感知B的存在，而B（現在在B´）則需要比0.1秒多一點點的時間，才知道A的所在。這就是在一等速的參考座標系中，速度愈快，時間會愈慢的道理。但是因為光速（能量的速度）為每秒30萬公里，遠非物體（質量）的速度所能比，0.1秒BB´之間的距離跟3萬公里相比，因為太小可以捨去不計；到頭來，時間的相對性在理論上是正確的，在生活的實際面上卻是可以忽略的。

　　《狹義相對論》點出了宇宙生命的存在是相對的——本質上是變動不居，不是永恆不變的；但是因為等速運動所造成的慣性，給了我們世界是恆常不變的假象。也難怪佛陀講了又講「諸行無常」，又有幾人能真確地體悟呢？

S13　光與廣義相對論

· 廣義相對論要排除狹義相對論只適用於等速運動的特定參考座標系的限制。

· 實際上是有關重力的理論。

· 重力會不會造成光的紅位移。

· 重力會不會造成時間延遲（時慢）的作用。

‧時空是一體‧

愛因斯坦為了跳脫《狹義相對論》只適用於等速運動之特定參考座標系的限制，於1916年提出《廣義相對論》。《相對論》是有關宇宙時空的理論，這樣說來難道時空有狹義跟廣義兩種不同的分別嗎？

太陽系的每一個行星各以不同的速度等速自轉並繞著太陽公轉，所以行星自然是《狹義相對論》中所謂等速運動的相對時空。以地球為例，地球自轉與公轉等速的規律性，造就了地球的日昇月落與四季分明，其上生物的生理時鐘也是這樣跟著建立起來。顯而易見地，地球的時空是根源於太陽。再來太陽也有自轉與繞著銀河（星系）的中心公轉，因此恆星與它的重力場也是《狹義相對論》中等速運動的「相對時空」。然而太陽的自轉實際上是同步帶著行星的公轉，所以太陽與它的行星們（太陽系）實可看做是一體的———一個較大且等速運動的座標系。至於太陽自轉有什麼樣的規律性，還是得以人（地球）為本，觀察地球公轉（視同太陽自轉）在與星系相關對應的位置上，所呈現的規律性。其實這就是西洋占星術所要闡述的古代天文學：以一年（地球的公轉）為週期，每個月在黃道面上，地球與太陽的連線向外延伸，都會定期地對照獅子座、處女座、天秤座……等十二星座。而太陽的公轉，估

計一個週期需要2.5億年的時間，要觀測它的規律性，則非人類能力所及；更不用說銀河（星系）的自轉與繞著宇宙中心的公轉了。

至於《廣義相對論》所涉及的是哪一個層次的時空，則讓我們先看它是應用在什麼樣的物理現象上面。《廣義相對論》所要探討的是：當光（量子）經過大質量星球所形成的重力場時，會不會因為重力造成空間的彎曲，以致光也必須走一條彎曲的途徑，結果造成經過的距離拉長——紅位移？而基於時間＝距離除以速度，是否重力也連帶延遲了時間的進程？

光（量子）是能量，而重力原是兩個物體（質量）間的相互作用力，所以《廣義相對論》要證明的是：以光速行進的能量（量子），在經過重力場的時候，是不是也會呈現出質量的特性？在我們的太陽系，也只能借助於太陽——質量才夠大——的重力場，來觀察太陽背後的恆星所發射過來的光，在經過太陽重力場的時候，是否會走一條彎曲的路？因為太陽那麼亮，所以要在日全蝕（月亮遮住太陽光）時，才能觀測到太陽背後的恆星光。這個實驗費了好多年的時間與準備，才得以成功地證明《廣義相對論》的理論。

重力來自質量，而質量與空間有關。所以《狹義相對論》所關涉的時空，是星體與其重力場所形成的「相對時

空」。而重力與光都屬能量，以光速行進；因此《廣義相對論》有關光—重力的時空觀，可以說是在「質量時空」的邊界，望向以光速度量的「能量時空」。因為光速是人類所不能企及的，所以相對於質量之有限「相對時空」，說它是無限的「絕對時空」也未嘗不可。

　　有一位物理大師曾經說過：質量（重力）叫空間如何彎曲，而空間教質量如何運動。有運動，便有時間的意涵；所以《廣義相對論》的實質內涵，透顯出「時空是一體」的本質。

S14　時間的表達VS.空間的表達

- 絕對的時空VS.相對的時空。
- 無限的時空VS.有限的時空。
- 時間的表達：聲音語言、拼音文字、音樂。
- 空間的表達：洞窟文明、圖騰、象形文字、繪畫。

　　數學中有自然數列：1.2.3.……n……∞，假如讓自然數列無止盡地延續，形式上可以達到無限：∞，但在人類生命與生活的層面，無限∞的觀念僅是一種象徵及隱含性的背景存在；有限的自然數n，才有其人存現實面上的功用。然後在形式符號的表達上，我們可以得到 $\infty + 1 \neq \infty$

（無限加1不等於∞）的式子，但是∞的本質卻是不管你加給∞多少個1，無限還是無限，所以∞＋1應該等於∞。這點出了人對於生命的追求，若想要達於極限的話，必然會遭遇到不定與矛盾的結果。在數學理論形式上才會發生的情況，現代的宇宙天文學也如出一轍地上演。理論物理學家對於我們的宇宙約有138億光年範圍的推測，還問道：「宇宙的邊界，在138億光年之外還有嗎？」天啊！人真是一種矛盾的存在物，淨問一些矛盾的問題。難怪2500年前佛陀立下10個他不回答的問題之一就是：宇宙是否有邊際？不管人類在形上學或數學裡，創造過如何高深超絕的觀念或理論（如有限、無限、相對、絕對……等等），雖然當時沒有能力證明它，但只要它們是合乎思考邏輯的，對照於現今我們已能瞭解的宇宙自然，還真有如假包換相對應的實存狀態！這也是為什麼之前要提出什麼何謂絕對（無限）時空VS.相對（有限）時空的原因：把一些以前看似虛懸、深奧的概念具體化。

　　至於現今冷峻的物理學時空觀，假如落實到宇宙與生命的實際情況，會得到什麼樣的內容與呈展呢？讓我們先從一句形上學有關時空的敘述──「時間是存在，空間是表達」說起：時間與運動有關，有運動才有時間的發生；而運動涉及能量（運動的起始或連續，都需要能量），所以說能量是一切存在物的起源。習慣上的說法，如「大限

將至──我快沒有時間了」；或「活動、活動，活著的就能動，要動才能活得好」，都是「時間是存在」的最佳說明。而空間的產生，起始於質量的形成──質量當然也來自能量；有質量的存在，才會有一切具象物的顯現。也就是說一切空間物都是根源於存在（時間）的表達物，亦即空間是時間的表達。在此，我們可以用另一個角度來看「時空是一體」的事實：假如只有時間，沒有空間，則一切不可說，不可見；只有空間，沒有時間，則一切歸於死寂。人類已於自然宇宙中活了那麼久了，在這「時空一體」的規範下，到底創造了什麼屬人的表達呢？

　　說到人類於時空的蘊含中，產生了只有人類才有的創造物，則非文字的發明與文字文明的建立莫屬。從原始人類在蠻荒中，操持自然的工具物（如石器、陶器、銅器……等），奮鬥求生存開始，到文字人文的創建，可以有如下的分期：自然宇宙→聲音的表達→圖形的表達→語言文字（象形文字、拼音文字）系統性的表達。

　　聲音的表達是可聆性「時間的表達」，而圖形的表達是可看性「空間的表達」；基於時空是一體，當我們說「時間的表達」時，實質的意涵是時間是顯明，而空間是隱含。就像音樂是一種時間的表達，必有音樂家想要傳達的空間性圖像；而在聆聽者的心裡，也會延伸出圖像式的想像。至於「空間的表達」其實也蘊藏著時間的流逝，如

李白的詩：「床前明月光，疑是地上霜；舉頭望明月，低頭思故鄉。」在數幅畫面式詩意的呈現底下，時間的流動也昭然若揭了。

中國的象形文字是從圖形的表達，經由簡化、單一文字，到文字系統性的形成，其所依循的是「意象邏輯」（image logic），在潛意識裡還保留著圖形表達之對於自然整體觀看的能力；其所建構的文明，多是群體導向的思考模式，著重在社會群體的人際關係，然後結構成以道德為中心的文化傳統，其中又以詩歌、書畫……等空間性的表達特別專長。

西方的拼音文字則是捨圖形而就聲音的表達，以「形式邏輯」（form logic）的機轉設定形式符號（字母a、b、c……），為注重邏輯與文法而產生的系統文字。由拼音文字所延伸的文化社會，易導致個人主義傾向的理性思考模式，而科學（時間性因果關係的探討）、音樂、民主政治（個人主義的濫觴）……等，也就順理成章成為西方文化的特點。

S15　量子世界裡的生死學

・宇宙的演化VS.生命的演化

・物理的演化→化學的演化→生物的演化（達爾文的演化

論）→意識的演化
・以能量（量子）的觀點看生命

依據現代宇宙天文學和高能物理學的研究成果與發現，對於宇宙的源起與演化過程，我們已經能夠描繪出可信的理論模型與圖像；至於生命的演化，從達爾文發表《演化論》以來，也獲得堅實的科學證據與發展。而在一般人的實際體認中，多會認為宇宙（物理）的歸宇宙，生命的歸生命，兩者之間有一道無比巨大且無法跨越的鴻溝存在著。即使如此，還是有一些古典的哲學家憑著直觀與信念，認為「物我是同出一源」；其中最為人所知的莫過於北宋張載說的一句話：「民吾同胞，物我與也」——「民胞物與」。

根據形上學有關源起、「發生」的創造律，依演化的理論，從量子能量的觀點來看存在如何從宇宙的起始、生命的誕生到意識產生的演變過程，則可以得到如下連貫無分的演化序列：

大霹靂（能量）→物理層面的演化→化學層面的演化→生物層面的演化→意識的演化

從表面的現象來看，大霹靂到意識產生之間所經歷的變化，極其繁複而令人費解；但歸根究柢不都只是能量的

轉移與傳遞方式的改變而已。如在物理層面上，能量的改變靠的是電子——電子與光子之間的物理作用——電磁現象；化學層面的則是由無機物的化學變化（電子的失去與獲得）來達成能量的遞變；至於生物層面有關生命現象的呈現，是由更複雜的有機物的化學反應來完成的；而心理、情感……等等的意識作用，也是能量在生命體演化最前端的腦神經系統內，藉由帶電離子的流動所形成的電（子）流而產生的。

在連續各個演化層面之間，則表現出大小不同的創造性，例如：化學與生物之間，呈展的是從無機物到有機物不同層次的躍昇；而大霹靂（能量）和物理層面之間，則是從能量（時間）到質量（空間）被稱為量子跳（quantum leap）的創生了。至於大霹靂源生於虛空之存在根源性的創造，我們也只能默然地「存而不議」了。而當今之世，有人認為我們所處的正是「意識進化」的世代。

各種生命的發生與延續，都是能量在各類物質所構成的有機體中，經由繁複的物理—化學反應，所呈現的生命現象。而物理學中有「能量不滅定律」，所以，以量子的眼光看生死，生命還真是「不生不滅」，永恆存在的；雖然我們並不知道能量如何能從虛空中被創造出來，又如何能無止境地演化下去……

〈註〉

顏慕庸醫師於陽明大學開設一門選修課：「身心靈實證之生死學」，作者應他之邀在課堂上跟學生們分享；本文即依據ppt.寫就而成。

從宇宙觀談靈魂學及生死學

S1　靈魂是什麼？

・靈魂（soul）的定義。
・靈性（soulful）的定義。
・靈魂的功用。
・四念處住：佛陀唯一的解脫之道，也是如何成為完全靈性的人的方法。

　　於人類各種原始文明與宗教中，大多能發現「靈魂」這樣的概念；而靈魂概念的發生，可以說是因為原始人類為了探究存在是什麼（存在：宇宙加生命）而產生的；尤其是在面對與每個人攸關的生死問題。人死的時候，除了沒有呼吸與心臟不跳了之外，從身體外觀來看，實在看不出任何具體可見的變化。因此從古西方人直觀的經驗中，他們便設想是由不具有形質的「靈魂」主宰著生命，靈魂是永恆存在的，而靈魂的在與不在則是生死之別的關鍵所在；並進而在西方一神宗教中形成「三位一體」〔聖父（上帝）—聖子—聖靈〕的神學理論：天父以「靈」為中

介創造宇宙、人與萬物。

　　古中國人起自於宇宙洪荒自然的哲學智慧，看著人死了，沒氣了；很自然地就以「氣」當作是宇宙生命的本原。而從《易》哲學、道家哲學到象數學等中國自然哲學範疇的學問中，都能看到有關「氣」為存在根源的說法。例如莊子說：「人之生，氣之聚也；聚則為生，散則為死。」晉、郭象也說：「一氣而萬形，有變化而無生死也。」再者明末醫學家張介賓說：「因形以寓氣，因氣以化神。」而中國人一向認為神靈者乃幽玄微妙、變化莫測之氣；由此可以看出中國人以「氣」、「神」的概念來類比西方「靈魂」的說法。

　　至於佛教對於「靈魂」的觀點，現在一般人習慣性的想法，都認為「靈魂」是承載三世輪迴的主人翁，而且「靈魂」可以無止境地更遞下去；但是在當時，「靈魂」的存在與否卻是佛陀事先立下不予回答的問題之一。推其原因，應該是古印度文化傳統的「靈魂」說，有「靈魂」是存在究極根源的意思；這「靈魂」的「有」，與佛陀法教的根本：「一切的起源來自於『空』」相違；所以佛陀只好默然以對，另外以其他的名詞來表述「靈魂」所要表達的內容。

　　以古典形上哲學和神學的「氣」、「神」或「靈魂」的概念來對照現代量子力學與醫學對於生命的瞭解，「靈

魂」之所指應該可以以量子能量的觀點互相參照證明；簡單的說「靈魂」就是能量的一種狀態。

不過以能量來說明「靈魂」，就如以「氣」來代替「靈魂」一樣，一點也不能稍減「靈魂」無形無象，精細希微的特性，而呈現出「靈魂」在人存經驗上的實際意義；我們依然不知道「靈魂」在生命存在的過程中，到底扮演什麼樣的關鍵角色，發揮什麼樣的功效。這不禁讓我們想起實驗心理學家，為了要評估人與某些動物之間靈性（soulful）指數的多寡，對於靈性所下的定義：人或動物除了能夠思考、算術之外，他（它）還能夠知道自己用什麼邏輯思考，用什麼方法數算；也就是說內向性「知其然，更知其所以然」的能力愈強，靈性就愈高。為了科學實驗計量的方便，科學家只取思考邏輯與算術能力作為靈性指數定量的對象；根據靈性的定義，我們倒可以把靈性適用的範圍擴大：靈性是我們人非但能感覺、能思考，更能夠反觀覺知自己如何感覺、如何思考，甚至對自己如何「言語動作，思慮營為」也了了分明。換句話說人是「經驗者」，是靈魂的功用讓我們也能夠成為「觀看者」。歷史上古時聖哲有關靈魂在人存生命裡所呈顯的靈性話語與作為，可謂俯拾皆是；最為人知的莫過於耶穌在被釘上十字架臨死前的禱告：「父啊，赦免他們！因為他們所做的，他們不曉得。」

　　而佛陀在小乘經典《大念處經》中所闡述的「四念處住」修行法門，分明就是教人如何成為全然靈性的人。佛陀這樣敘述「四念處住」：「……於身、受、心、法，隨觀身、受、心、法而住，熱誠、正知、正念，捨離對世間的貪慾與憂惱……」意即四個念頭應該隨時隨地安住的所在──身、受、心、法。「身」、「受」是各種感官的感受，「心」、「法」是腦神經電流傳導循環迴饋所產生感情、思考、心靈的整體意識。所以「四念處住」，又叫「四念處觀」，是要叫我們隨時覺知觀照我們身心內外全部的意識作用。這是佛陀傳下唯一的解脫之道，也是成為完全靈性的人的方法。

S2　原始反終，話說生死

- 人的生命有七個體。
- 身、心、靈的定義。
- 身、心、靈之神經精神醫學的基礎。
- 意識（腦神經中樞）的演化。
- 中樞神經作用的模式。
- 神經傳導作用與電磁現象的比較。

死亡一直是人類生命最終極的關懷，有生必有死——出生是死亡的原因，也是顯而易見的事。孔子說：「未知生，焉知死。」易傳上也說：「原始反終，故知死生之說。」所以想要探索死亡的奧祕之前，必要先瞭解生命的原由與本質才行。

在眾多原始宗教與文化傳統中，對於生命本原的探求與敘述，都有其不同的名詞、概念與理論系統；究其實際內涵，可謂「殊途而同歸，百慮而一致」；不過其中要以古印度瑜伽生命科學經由內觀、冥想而得來的理解與描述，最符合現代物理學與醫學的概念與理論模式了。瑜伽科學認為人生命的存在，由外在到內在，從粗糙到精微，共有七個體：

肉身體→〔感情體→思考體→精神體〕→靈魂體→宇宙體→涅槃體（虛空體）

physical　emotional　thinking　mental　　spiritual　cosmic　nirvana（body）

　身　　　　　　　　心　　　　　　　　靈

這種向內觀照到至極所得到的結果，竟與現代宇宙天文學向外推遠到138億年前的大霹靂——宇宙的誕生，到生命的發生、人類意識的產生與進化——這一序列一貫性存在的演進過程，如出一轍，只是內外方向有別：

（虛空→大霹靂）→（能量—質量→時空）→能量（靈魂）→生命（意識）→肉身

涅槃體　　　　　　宇宙體　　　　靈魂體　　（精神、思考、感情體）　肉身體

　　而身、心、靈是生命組成三種結構物的說法，也在此得到完美的類比：身即肉身體，心則是感情體、思考體、精神體三者合一腦神經整體的意識作用，靈自然是靈魂體。

　　為了進一步了解人類意識作用的方式，讓我們以生物演化的觀點來看物種神經系統進化的過程：起初生物為了能感受內外環境的變化，有些細胞分化成神經細胞；這些分布在各處的神經網路就是「周邊神經系統」；後來為了統籌處理各處傳來的神經訊息，一些周邊神經就集結成中樞神經系統。首先是負責有機體植物性感受與反應的「植物中樞」──自律神經系統；再來形成動物性情感表達的「感情中樞」；高一等的動物包括人類則有有關邏輯思辨的「思考中樞」；至於關涉超感直覺的「精神中樞」則專屬人類所有，並等待我們進一步的開發與發展。為了明白易懂起見，還是把兩種表達方式並列在一起，也好獲致一種理解性的對照：

肉體感官→植物中樞→感情中樞→思考中樞→精神中樞

肉身體　　→感情體　→思考體　→精神體

　　從不經意的看和聽，到動人而豐富的情感表達，或高深的邏輯思考能力，其實都是腦神經電流傳導所引起的意識作用；佛家有言：「萬法為識」，生命可以說就是意

識；所以為了能夠更深入了解生命，值得我們一探中樞神經的作用模式：各個腦神經中樞之間，存在著無數的神經徑路，神經徑路更以全方位立體的方式，將腦神經聯結成近似無限的網路；而從身體內外傳來的神經衝動，在神經徑路內以一種「循環回饋」的方式，上下左右四面八方地傳過來、傳過去，在這種看似無止息來回的傳遞過程中，各種感情、理智、精神等等的意識作用，就這樣產生了。

神經衝動的傳遞是一種電子的流動，而物理的電磁現象也是源自於電（子）流，所以明白這兩者之間的差別，可以打破「心物二元」的分別。電流的產生必然涉及能量的更遞與轉移，電磁現象最終以電磁波（光）的激發完成能量的傳遞；而激起神經電流的能量形態可以是顏色（光）、聲音（動能）、氣味（化學能）和膚觸（位能）等等。電流在電磁現象中，以物理變化行進，電壓以伏特（例如家電是110～220伏特）為單位；神經細胞的電流則利用陰離子、陽離子來攜帶電子，以化學變化完成能量的轉移，電壓的計量單位為微伏特（微：一百萬分之一）。由此可以看出宇宙那端存在的能量可以大到無限大，但意識為零；而與生命、心識相關的能量則是極微小，卻能開出五彩繽紛的意識花朵。就能量的大小而言，可以說是人心惟「微」，而人的心志所能夠完成的豐功偉業或造成的破壞，卻是未可限量，真是「人心惟危」。

電磁現象的敘述：時變的電流會產生磁場，同樣的，神經衝動的電流也會產生磁場，只是磁場的強度小的很，比我們環境的背景磁場還小；在腦神經科學的腦成象技術（如腦波，腦電腦斷層攝影、核磁共振⋯⋯）中，已發展出測量腦磁場（腦磁圖）的機器，可以對腦神經的傳導或意識作用的方式，做到實時間的觀測與研究。

S3　生死的緣起與過程

·佛陀的十二因緣法：（無明→行→識）→名色→（六入→觸→受→愛→取→有）→生→老死
·從搖籃到墳墓之生命的過程。

佛陀為了說明生命從何而來，為什麼會有死亡，三世輪迴如何確立；提出有關生死因果的十二因緣法：「無明」緣「行」（緣於「無明」，而產生「行」；「無明」是原因，「行」是結果。）「行」緣「識」，「識」緣「名色」，⋯⋯「有」緣「生」，「生」緣「老死」。也就是說出「生」是「老死」的緣由，而「生」緣於存「有」，存「有」緣於執「取」，⋯⋯如此反轉回溯生死環環相扣的因果關係，可以得到生命的第一因是「無明」——「無明」是生死輪迴的根本；人要了脫生死，就得破

除「無明」。

　　讓我們以量子（能量）理論與腦神經醫學的實證發現，來看十二因緣法所表述的生命真相到底是什麼？我們順著生死流轉的因果次序說下去；首先「無明」生「行」，「行」生「識」，「識」生「名色」：「無明」是各種形態的能量，「行」即腦神經電流的來回傳導；神經電流（「行」）是各種不同的能量（「無明」）作用在感覺器官而引起的；而人的意「識」就在神經電流傳導中產生；至於「名色」是說神經電流到變成各種感受、情感、思考……等等意識作用的過程中，需要經過屬人名言概念、思維邏輯的轉譯才能夠成就的。（名：感知外界種種的色，再命名形成概念，最後經過人的邏輯思考，才完成人的認知結構。）為什麼「無明」是能量呢？日月為明，「無明」就是沒有光；光也是能量，當能量隱沒於電子流動的意識中，我們就感知不到光的存在了；就好像古典形上哲學或宗教常譬喻的：我們老早忘記了原初我們是光的孩子。

　　再來六入→觸→受→愛→取→有→生→老死。「六入」，是人的六種感覺器官，接「觸」到對應的感覺對象（如眼對色，耳對聲……等等），引發神經電流，傳到植物（自律）神經中樞，產生感「受」；然後依次在不同的腦神經中樞之間循環迴饋地傳導，產生貪「愛」、執

「取」的心理功能，如此造就了每一個人都各不相同的生命存「有」感，從此揭開了從出「生」到「老死」的人生旅程。

這樣看來（六入→觸→受→愛→取→有）與（無明→行→識）所要說明的都是同一個生命意識如何發生的事實，只能分別前者是個體生命「因人而異」的意識存在；而後者則是「因人而有」整體生命意識源起的法則。在整體與個體生命之間，以「名色」屬人的邏輯概念作為兩者的連結與中介，是再恰當不過的事了！

至於從搖籃到墳墓，我們又經歷了什麼樣的生命過程呢？這在古印度瑜伽科學中，倒也有提起：生命內部結構七個體的分類，其實也是人生命周期的分期法；從肉身體開始，以七年為一期，依序為其發展的關鍵時期——肉身體（1歲到7歲）→感情體（8歲到14歲）→思考體（15歲到21歲）→精神體（22歲到28歲）→靈魂體（29歲到35歲）→宇宙體（36歲到42歲）→涅槃體（43歲到49歲）；這種源於古人直觀內省的方法，並以古典哲學名詞所表述的生命分期法，與現代醫學根據人體內神經內分泌的變化所作的分期，有非常符合的地方：例如「青春期」的時候，因為性荷爾蒙的飆升，造成十幾歲的少男、少女其情感表達的濃烈，與思想觀念的激切與衝突，不正是介於感情體與思考體之間的發展關鍵期嗎？而涅槃體到49歲而止，跟49

歲前後「更年期」之青春已逝，當回頭反思生命真義的時期相比，也十分相似。

從這裡可以很清楚地看出來，出生到老死進行的方向，就是肉身體經感覺體、思考體⋯⋯最後到涅槃體追求、進化的歷程；反過來從涅槃體→宇宙體→靈魂體→⋯⋯再到肉身體的結構成形，則是宇宙時空的創生到生命意識誕生的演化過程。也正是死亡以後，靈魂再度輪迴轉世（靈魂體→精神體→思考體→感情體→肉身體）的經過了。——假如你相信三世輪迴的話。

S4 死亡的定義

‧**西方醫學的定義。**

‧**古印度瑜伽生命科學的定義。**

‧**從量子的眼光看死亡。**

醫生要判定死亡的時候，總會先用聽診器聽病人的胸部，看看還有沒有呼吸聲；摸他的脈搏，看是不是心臟不跳了；最後用手電筒照瞳孔，確定瞳孔放大且失去對光的收縮反應。假如呼吸停止、心臟不跳與瞳孔失去對光的反射都存在的話，醫生就會宣布病人已經死了——這三者也是西方醫學對於死亡的定義。

心跳、呼吸與瞳孔的反射對活著的人來說，看似簡單而理所當然，其實涉及極其繁複的神經徑路傳導；而它們都是由自律神經中樞（即植物中樞，腦幹的部位）所主導調控。近代醫學為了提高器官移植的成功率，希望在心跳停止以前能夠摘取捐贈者的器官，而提出腦死判定的準則如下：除了瞳孔要失去光的反射；在規定的條件之下，還要拔除呼吸器，觀察病人是不是沒有自主性的呼吸動作；然後再加上幾項腦幹反射現象是否消失的測試。這些嚴密的規定與步驟，都是要確認維繫人最起碼植物性生命的自律神經系統——腦幹——是不是已經失去了功能。

古印度瑜伽生命科學對於死亡的定義是：身、心、靈，是組成與持續生命的三個結構物，假使三者不能合而為一，和諧而平衡的作用著；只要三者一分離，或任一部分毀壞，都會造成生命的死亡。究其實際，其實說的跟西方醫學的定義是一模一樣，只是用的是古典形上哲學的詞。不過，在一般情況之下，死亡應該都是「身」體（包括自律神經系統）先壞死，再也不能維持「心」（腦神經所產生心理精神的意識作用）的功能，及提供「靈」魂的寓居之生命的最終結果。但在傳說中，道行高的人，卻可以主動「立亡」，或於禪坐中，行靈魂脫竅之術而去。

從量子能量的觀點來看，不管是肉身體新陳代謝所呈展的生命現象，還是腦所表現的心（意識）的作用，無非

都是藉由電子的失去與獲得，導致能量的轉換與傳遞而產生的表象；所以死亡是生物體失去能量接收與交遞功能的結果。這在一般死亡的定義上，倒會出現這樣的質疑：在沒有心靈作用的屍體裡，周邊的細胞或組織還會有能量的殘留與交換（如死後短時間之內，毛髮鬍鬚還會長長），那麼死亡的認定，是不是要等到生命所有的能量都已死寂呢？其實人也不必那麼吹毛求疵地為難自己，畢竟此時已經沒有感覺與意識許久了。

在這些死亡定義的理解與回顧以後，讓我們來反思安樂死之一些人為思慮的獨斷、顛倒與不智。先不管哪些疾病可以列在安樂死的清單上，最起碼要具備的關鍵是：要求安樂死的人要能夠自己端起那一小杯毒藥，自己一口喝下去。到這裡我們可以看出他的感覺、思考、意志力……等具存在意義的屬人意識都還完好，甚至比一般人更深刻到可以思索未來身體失能癱瘓時的不可忍受性。

在一個介紹歐洲安樂死現況的節目中，曾出現這樣的片段：一個70歲上下的德裔富商，罹患運動神經元疾病（motorneuron disease），俗稱漸凍人。當時他只出現雙腿無力，幾乎無法行走的症狀；通過安樂死的核准後，就在鏡頭前，拿起那杯毒藥一飲而盡；當真如前所告知的：5分鐘後失去意識，20分鐘後呼吸停止，30分鐘後死亡。這分明是自殺啊！

最近報紙網路新聞報導：荷蘭在考慮允許安樂死的情況中，要不要加上「自覺自己已活過，生命了達通透，無聊到無以復加」這一項。雖然乍聽之下有點荒謬，卻也不禁讓人想起古往今來眾多宗教中，唯一允許自殺的印度耆那教（約與佛陀同時期）；假如有人認為自己「梵行已立，所作皆辦」，可以捨棄肉身，在這種情形之下，自殺是被允許的。但是規定只能絕食21天而死，理由是絕食21天所引起身體的痛苦是非常艱巨的，不是真正的得道之人，都會因為不能忍受而回心轉意。不過這個規定可以說是畫蛇添足，因為進入悟道之流的人，實在已達「生死一如」，死亡不過是幻象的境界了。

以上安樂死與自殺的討論落實到一般人的實存狀況是這樣：如果自己或家屬遭遇中風、車禍、種種意外與各種疾病引起的休克或急性惡化等等，經過急救，盡力搶救以後，不能恢復情感、思考、精神的意識作用，也就是變成植物人狀態；到那時候自己或家屬應該都可以安心地向世界說再見了。而漸凍人即便已達四肢癱瘓，終日只能待在床上；只要意識還是清楚的，都得為了生命的尊嚴而奮戰到最後一刻；不能因為不能忍受身體的痛苦，而否定生命較高層次的存在意義。

S5　是「三世輪迴」？還是「僅此一生」？

　　死亡一直是人類生命最終極的關懷，20世紀的存在主義精神分析學派以人在面對死亡時，試圖探索死亡並尋求解決的過程中，所引起的茫然無解、焦慮、恐懼、無奈與憂鬱……等等，作為精神分析最重要的課題與動機。而佛洛伊德的精神分析學則以「性驅力」（libido）當作精神分析的主要動力。性攸關生命的誕生，如此說來生與死還真是生命一體的兩面。

　　當人經歷了親人的逝世，或是偶爾想起生命的喪鐘終究會敲在自己身上的時候，心裡面多少會引起這樣的疑問：人死了，「我」會往哪裡去？是不是一切就結束，什麼都沒有了？從這裡產生了生命到底是「三世輪迴」，還是只有「此生這一世」兩種不同的命題。眾所周知，佛教相信有輪迴轉世；而只有一世概念的則以基督教為代表。因為稍後我們要以佛教的觀點來闡述死亡的經過與歸趨，所以有必要先把基督教人「僅此一世」的實際所指顯明出來。到頭來我們會發現，佛陀與耶穌所要指明的事實其實是一樣的，只是因為文化背景與環境的差異，而導致不同的表達方式。

　　一般的基督徒會這樣說明《聖經》上所說人只有一世的概念：人死了以後，還有靈魂的存在；靈魂得等待耶穌

的再來與上帝的審判，最後承受不是上「神國」就是下地獄的審判結果。這樣說來，「只有一世」不是人死了就什麼都沒有的意思；因為假如人死後一切都是空的話，那耶穌就陷入邪魔外道斷滅想的邪見了！神的國度非人所能臆測，至於地獄是什麼？在什麼地方？則稍微可以用邏輯思辨揣測一下：近代存在主義哲學家曾說：「每一個人的自我，是他人的地獄。」我們只要親身看過冤家怨偶的爭吵，就能明白「自我是地獄」的道理。而佛教認為我們所處的人間是五濁惡世，堪忍的世界；擺明這世間分明是一個地獄！所以「不是上天國與天父同在，便是下地獄」的說法，不就跟佛教所說人要是能夠「了脫生死」——上天堂，就不用再受「六道輪迴」——下地獄（我們所在的世界）——之苦的意思一樣嗎？因為六道——天界、人界、阿修羅、畜生、地獄、餓鬼——這六種生命存在的狀態，其實都可以在地球上體現。

　　那麼是在怎麼樣不同的文化傳統與地理環境之下，造成耶穌與佛陀對於同一件事的不同說法，並引起人們南轅北轍的信念呢？佛陀當時所處的社會國家，在印度大陸比較富庶安定的地理環境中，物質文明與精神文明已經發展到極高的程度。尤其在生命真理的追求上，「佛」所揭示的那種天上、天下一切「我」皆盡知的境界，會給人這世間實在沒有什麼好眷戀的感覺；假如再相信生命只有一

世，又沒有西方無上超絕的一神論做為存在的歸趨與盼望的話；在現實的世界中，很容易形成斷滅想的斷見，產生沒有未來，沒有三世因果之生命的虛無感。現在的日本倒是一個活生生的例子：日本自全盤西化以來，日本人要求細膩、精緻的民族性，把西方的科學文明發揮到極致的地步，生命的追求好像已經到了盡頭似的；在傳統宗教——神道教的制約下，日本人所存有的是只注重今生而沒有來世的的意識形態。這種把生命從歷史時間的長流中橫空截斷的結果，應該是日本人那種彬彬有禮、優雅的文明社會，卻給人一種「有體無魂」荒謬感的潛在原因吧！

　　反過來耶穌所處的猶太文化社會，是國家被占領、人民顛沛流離，自然環境也沒很富饒，百姓生活困頓艱苦的情況。國家尚待恢復，救世主何時才會來？一切都在未完成的未知數。假如當時的猶太人都有「三世輪迴」的信念，必然會形成聽天由命、延遲消極以等待來生的心態。其所導致的後果可以在印度近代歷史中一覽無遺：印度在西方強大科學文明的侵襲下貧窮落後，人民還限圍在「輪迴轉世」、「種姓制度」……等等不良的傳統觀念，到現在還是苦苦地追趕著現代化，早已失去了古文明輝煌的榮光。

S6　以「中陰」的觀點看生死

· 中陰是什麼？
· 中陰的種類：
　　死亡中陰、生處中陰、禪定中陰、睡夢中陰。

　　一般人的觀念會不假思索地認為：靈魂是賦予肉身生命的主宰者，所以是「三世輪迴」的承載者與主人翁；但是佛陀從一開始就避免用「神」或靈魂這類概念，來描述生命源起或輪迴轉世的事實，因為這樣會無意間被延伸成生命有一個永恆不變的創造者與掌控者。就像西方一神宗教的「三位一體」論，認為「自有永有，亙古不變的唯一真神」，以「聖靈」（靈魂）為媒介創造宇宙萬物；即便是印度眾多多神論的宗教，也以「梵天」來指陳至高無上造物者的永恆存在。如此一來就會與佛陀法教存在真理的三個終極法則——1.無常（諸行無常）。常：恆久不變；2.無我（諸法無我）。我，有主宰、掌控的意思；3.空（涅槃寂靜）——相違背。以現代量子理論與宇宙論來印證佛陀所說，古往今來還真只有佛陀一人指明出「存在的根源來自於虛空」。但是在「大霹靂」起源的虛空中，沒有能量—質量，沒有時間—空間，更不用說有生命與意識的發生；當然也沒有那些人類為了探索存在是什麼而產生的神

學或其他高深的理論。所以到頭來「一切來自於虛空」的陳述，對於人類而言，終究只是一種形式上的設定，而沒有實際上的功用；倒成為使人類表達陷入「空」與「有」之間，存在性根本矛盾的主要原因。

因此佛陀不用靈魂，而以「中陰」的概念來描述生死輪迴的事實。「中陰」又叫「中陰身」、「中有」，意思是一種過渡的存在狀態。所以「死亡中陰」是人死了以後，到投胎轉世之前的過渡時期；而「生處中陰」則是前世的死亡與今生死期之間的歷程。從這裡可以看出佛陀在敘述生死大事的時候，不使用「神」、靈魂的原因，是要避免涉及和生命源起有關的「創造」、「發生」等觀念，而僅在生命存「有」的層次上，依演化律（因緣所生法）而陳述生死因果：這樣生，所以那樣死；那樣死，所以這樣生。

而生命過程所能夠經歷的中陰種類，除了「死亡中陰」、「生處中陰」之外，還有禪定中陰：入定與出定之間；睡夢中陰：入睡與醒來之間。

因為「死亡中陰」是一趟有去無回的單行道，所以我們要先詳細地瞭解「生處中陰」、「禪定中陰」與「睡夢中陰」的經過，也好與「死亡中陰」進行類比互證，斟透死亡的奧祕。

S7　生處中陰

肉身體←→感情體←→思考體←→精神體←→靈魂體←→宇宙體←→涅槃體

男：　+　　　　-　　　　　+　　　　-　　　　O

女：　-　　　　+　　　　　-　　　　+　　　　O

1-14歲　　　15-21歲　　22-28歲　　29-35歲　　36-42歲　　43-49歲　　50歲-以後

　　孔子說：「未知生，焉知死。」悟道的師父說：「起初我們怕死，怕得要命；等到死到臨頭的時候，我們才明白，原來死亡一點都不可怕；最令人懊悔的卻是，臨死前竟然發現，我們從來沒有好好活過。」可以這麼說：知道怎麼「活」，就知道怎麼「死」。所以為了探究「死亡中陰」的真相，我們首先得好好地研究「生處中陰」的經過。

　　古印度瑜伽生命科學對於生命結構七個體——肉身體←→感情體←→思考體←→精神體←→靈魂體←→宇宙體←→涅槃體——的定性分析，其實也是人從出生到死亡，生命過程的七個發展期。他們以7年為一個週期：1～7歲為肉身體發展的關鍵期，8～14歲是感情體，依序下去，到涅槃體則是7的7倍——43～49歲。這種分期比照現代醫學依據生理生化的基礎，對於人誕生以後心—性發展過程的瞭解，有非常符合的地方；不過應該可以稍微做一些調整：

肉身體包括身體周邊組織器官，與背後支撐其發育的自律神經系統，所以肉身體應該占2個7年——1～14歲的發展期；而感情體以15～21歲為期，也是蠻合理的，因為所謂的青春期是從14歲左右開始。男女雙方在性荷爾蒙飆升的趨策下，在心理上激起感情的大風暴；尤其是女孩在女性荷爾蒙的影響下，所表現「少女情懷總是詩」的美麗情感，叫男人們到老都還懷念不已。而東方古老文明的傳統裡，有關禮制（如《周禮》）的制定，常有14～15歲的女孩就可以婚嫁的規定；然後到20～21歲生殖器官成熟以後，再賦予傳宗接代的責任。這種設計是利用女孩在14～21歲的感情體時期，具有感情的專一與奉獻精神，容易乖順地在婆婆的教導之下，學習如何做一個相夫教子的好媳婦；免得進入22～28歲思考體時期後，有自己的思想與主見，就比較難以調教了。

到了女性更年期7×7——49歲，或男性更年期（睪固酮低下）8×7——56歲，人類大半履踐了生命的責任與義務後，也該是好好回頭向內看，反省個人生命意義，甚至是進而思索人類整體命運的時候；而這大約是在靈魂體（個體生命）與宇宙體（整體生命）的週期之間。這裡提到男生一個週期是8年的概念，呼應了男生的發育比女生慢一些的事實；從一般男生青春期的到來，比女生慢個2～3年，可以看出個中端倪。

　　再來進入老年期，身體內沒有了生理時鐘引起種種週期性的生化變化，好似活在時間靜止——「空」——的狀態；後來死亡漸漸地逼近，也該是「遁入空門，了脫生死」的涅槃期時期了。至於涅槃體週期時間的長短，因為生命已經失去了生物的時間性，所以從更年期後，經老年期到生命終結，都可以算是。在瑜伽生命科學中，關於生命歷程的理論，有「沙門」——捨棄一切，出家求道——這一個階段，指的就是這裡所說的涅槃體時期。佛教出家僧團制度的建立，即取法於此，且當時出家的師父就叫「沙門」；不過，好像把年齡順序弄反了；年輕人理應結婚生子，成家立業；更年期後的老年人，則應該把一切家業捨離，安排妥當，出家求道、辦道。這樣的話，豈不是各得其所，兩全其美嗎？

　　至於瑜伽對於男女性別的看法，則是令人料想不到的前衛與先進：男和女的分別不是「全部」或「沒有」這樣截然而分的，而是陽中有陰，陰中有陽。男生的肉身體與思考體屬陽，感情體與精神體屬陰；女生則反之。陽性的特質是向外、積極、進取且有點攻擊性；陰性的則是向內、消極、保守且具接受性。這樣的分法有其事實上的根據：一般男生的體格比女生魁梧，肌肉比較發達，力氣也比較大；而且理性大於感性，邏輯思辨的能力比女生強；所以，男生的肉身體與思考體屬陽剛型的。女生在情感

上，天生比男生感性、堅毅、忍耐與慈悲，其直覺、第六感的精神能力，也非男生能望其項背；所以，男生的感情體和精神體屬陰柔型的。

因為陽性的特質是向外發展的，所以男人的肉身體在一生當中，常常需要有女人為其外在追求的對象；而女人的身體為向內、具接受性，可以在自身裡面接受自己感情體陽剛的撫慰；同理，陰性的思考體，也可以與陽性的精神體互相融合。因此女人即便是獨身久了，慢慢地也會顯現出陰陽平和，而有女人獨有的優雅；而男人雖然號稱單身，私底下十之八九會有伴侶；要不然壓抑久了，會生出心理疾病。

靈魂體屬能量量子級，沒有陰陽之分；再上去的宇宙體、涅槃體就更不用說了。

S8　禪定中陰

- 禪修、靜心分為兩種：
    1. 止禪。
    2. 觀禪。
- 靜心與「四念處住」。
- 在了悟者的靜心當中，「禪定中陰」到底發生了什麼事？

· 從量子能量的觀點，來瞭解「禪定中陰」的境界，並探
　索達成它的方法與步驟。

　　不管是印度的瑜伽、佛教，還是中國的道家、禪宗，
都很注重靜心、打坐這一種修行方法。雖然在靜坐過程
中，各派別所經驗到的能量（氣）在通道（脈輪、經絡）
中運行的途徑會略有不同（其實這是因人而異），但是對
於靜坐的方法與靜心終極的達成，看法卻相當一致。台灣
所承繼的是漢傳大乘佛教，所以讓我們以大乘佛教與禪宗
這一脈絡所描述的靜心方法，來看禪定的步驟、過程與達
成。

　　首先，當然是趺坐（單盤、雙盤或自由坐，其他坐姿
的詳情，請依書上所述如法泡製，盡量做到「坐如鐘」的
地步），然後再來一陣急驟深長的腹式呼吸（吸氣時，腹
部脹起；呼氣時，腹部縮小）整頓身心。在進入靜心程序
之前，有必要先詳細說明呼吸在禪修中的關鍵性角色及與
身心的關連。

　　人的身心作用在以自律神經中樞為主的調控下，可以
說是無意識的─它不是人的自由意志可以操控的，即便是
面對惱人的神經精神狀況，想喊一聲暫停，或作一些更改
與修正，也是徒勞無功，甚至適得其反；但是生命留給人
一件可以掌控的事，那便是呼吸的快慢與深淺。而且可以

藉著自主的呼吸變化，經由「生物性回饋作用」（biological feedback），來改變人的心理與情緒。所以，「呼吸是身體與心靈之間的橋樑」是一種很貼切的說法。

而靜坐之所以要用深長且緩慢的腹式呼吸，一方面是因為緩慢的呼吸，可以降低腦神經無時無刻的吵雜與喋喋不休，使人的身心達到一種適合靜心、放鬆自在的狀態。另一方面則是因為深長的腹式呼吸，是要在吸氣時，透過橫膈膜最大限度的下壓，來對腹部裡面的組織器官起到刺激與按摩的作用，以活化並打通周邊神經系統的能量通道。有的甚至建議配合呼吸動作，讓肛門的肌肉作相對應的收縮與舒張，把綿長腹式呼吸的功用延伸到骨盆腔；盡可能做到周邊的經絡能夠通透，沒有阻礙，以利靜心的進行。

鑑於現代人心理的壓抑太深、積鬱太多，當代師父建議在傳統的靜態靜心之前，先來一段動態靜心，藉由慢跑、跳躍、跳舞、亂舞、亂語……等等語言動作，在引起強烈動力呼吸的同時，希望能夠因此而解除心裡面根深蒂固的制約，排除心中累積太多的垃圾，如此禪修才能事半功倍。禪宗師父曾這樣棒喝過弟子：修禪豈是在禪「坐」？呼吸其實才是靜心能夠開悟的最主要因素！當然端正趺坐是最適合靜坐的姿勢。偏離文章主軸太遠了，讓我們重新從頭開始：

　　結跏趺坐，整伺身心。先調身，進而調心；待坐定，再來就是調息了。以腹式呼吸法，把呼吸從快變慢，從粗糙變為細而綿長，想像吸入的氣到達臍下的丹田，再慢慢地把氣呼出來。接著把當下的心念持續地專注在鼻口的地方：我出息長時，了知出息長；入息長時，了知入息長。我出息短時，了知出息短；入息短時，了知入息短。這就是所謂「修止」的功夫：把人除去「身」之外的四種對外感覺器官的感受──「眼」、「耳」、「鼻」、「舌」──降到最低限度。而靜坐的環境要安靜，只留下一盞小燈。眼睛微張以減少光線的刺激；眼睛緊閉則易進入昏沉。將念頭獨獨繫心於出入息的「身」感上，經由呼吸的調控來降伏身心，滅除憂惱。止禪的目的是要培育人的定力，開展深邃的智慧。然後「修觀」（觀禪）。「修觀」可以純粹向內覺知觀照自己的意識所引起的種種感情、思考、精神作用；或者是向外揀擇對象，分析觀想對象的個別特性與共同特徵（無常、無我、空），徹底了解生命與宇宙的真相。「止禪」觀的是身─受；「觀禪」觀的是心─法。所以靜心是實踐體驗「四念處住」──將念頭隨時安住在四個處所（身、受、心、法）──的方法與步驟。

　　根據量子理論，一切物質來自於能量。而生命與意識的發生與現象，也是化學變化中電子的失去與獲得，所伴隨能量（量子）的交換與傳遞而顯現的。靈魂也可以說是

一種能量的樣態，至於能量如何沒入生物體，引發與維繫生命的存在，詳情未可得知。而靈性（靈魂的功用）的定義是唯人能夠全然向內覺知觀照的能力，所以靜心（修止、修觀）的過程，即在反轉靈魂變成生命與意識的機轉。在甚深禪定的境界，經由觀照的智慧，激活受肉體限圍的靈魂，最終還能夠與身體分開。就像近代悟道的師父所描述的：在禪定中陰中，他的靈魂飄離在肉體之外，看著自己宛若死屍端坐的身體，跟經歷過瀕臨死亡的人所敘述的很相像。經典上是這樣描寫靜心的過程與最終的達成：起初「修止」的腹式呼吸敲醒了沉睡的靈魂（能量、氣），能量在觀想（「修觀」）的導引下，在脈輪（經絡，尤其是任、督二脈）中，由下往上地運行，最後來到腦神經中樞最高級，離靈魂最近之「精神中樞」的邊界，從頭頂（百會穴）像一朵完全綻放的蓮花那樣，破殼而出，「花開見佛」！也像一滴水回到存在的無邊大海中，與大海融為一體。

所以，「禪定中陰」是在「生處中陰」中，人活著而且在完全有意識的狀態之下，經歷「死而復活」的經驗。

S9　睡夢中陰

・佛洛伊德之夢的解析與潛意識理論。
・意識的層次與結構。
・睡眠週期中，各時期的腦波變化。
・睡覺是短暫的死亡。
・睡夢中陰與禪定中陰之異同。

　　睡覺的時候，我們的意識發生了什麼事？到哪裡去了？而做夢又是什麼情況？是「日有所思，夜有所夢」，還是神諭的預告？「睡夢中陰」一直是人類未知的領域，充滿神祕與疑惑，也是現代科學極欲探索與闡明的對象。因為腦被堅硬的頭殼保護著，科學家不易接觸、探測它，難以取得實證的資料做研究。雖然1920年代德國精神科醫師漢斯柏格（Hans Berger）發展出腦波儀（electroencephalogram, EEG-Brainwaves），並於1930年代以後成為了解、診斷癲癇症的重要利器，但是當時腦波儀對於睡眠與作夢的研究，卻還未能做出突破性的貢獻。

　　在這期間，佛洛伊德以東方內向性直覺觀照的方法，提出潛意識的意識結構理論；認為做夢是潛意識在睡覺時免去（顯）意識的壓抑與監控之下的激烈活動。因此他借助於催眠的方法，引導個案放鬆，進入出神的狀態。藉由

閃避意識的阻抗，溜進潛意識之中，讓案主進行夢境的「自由聯想」（free association），達到解析夢的目的。

　　佛洛伊德認為，做夢的主要目的是為了在夢中能夠實現現實中不能達成的願望。由於潛意識中涉及很多敗德、不合禮法與習俗的本能欲望，所以夢境的架構為了躲過意識「超我」的監控，通常會使用像「偷天換日」、「移花接木」、「暗渡陳倉」……等等的偽裝、變裝技倆，才能顯現在夢中；以致夢的內容常是荒誕不經、晦澀難懂的。為了解夢，對於當事人的生活近況與其所處的文化傳統、社會背景，可要有深入透澈的了解與掌握，才能還原與破解夢境的真相。而睡夢的時候，腦部裡屬於較高層次的邏輯思考、概念化等的意識作用處在休息狀態，所以做夢的潛意識運作方式，是採用較原始的圖形思考模式，是一種空間可看性的圖形表達，一如史前人類洞窟文明壁畫的表達方式。中國的象形文字即是原始的圖形表達經由圖形邏輯、系統理論化而形成的。

　　說到這裡，我們可以看出為了解夢上至史前文明，下至文字文明、歷史文化，好像與潛意識這個概念都有關聯。所以為了更能明確瞭解「睡夢中陰」甚至是以後要說到的「死亡中陰」，我們必須更進一步來闡述潛意識的意含與內容：

　　潛意識的英文是unconscious，un-有否定、沒有的意

思，所以也可以翻成無意識。然而潛意識不是沒有意識作用，而是每一次我們對於外界刺激所引發綜合感受、情緒、思考、精神……等等的整個意識功用，能夠為我們當下主觀意識察覺的是「顯」意識；而不能為我們覺知的大部分便是潛意識。佛洛伊德認為是道德、律法、文化傳統、社會習俗……的制約，造成潛意識與意識的門檻與分界。不過根據近代科學更深入的理解，造成意識與潛意識分野，勿寧說是形成意識作用的腦神經傳導電（子）流。因為電子所具有的物質性，必然要受到時空性物質定律限制的緣故；也就是說電流不是光（量子），它不能像量子那樣具無時間性（即同時性、「一即一切，一切即一」的存在特性）。我們的意識有過去─現在─未來之分（非無時間性），也有「非彼即此，非此即彼」──非「一即一切，一切即一」的限制；所以，有能被覺知的意識，就必然存在不被察覺的潛意識。這就像電腦每一次處理不同的資訊，會由隨機記憶體去硬碟的資料庫抓取相對應的軟體程式一樣；隨機的軟體程式即顯意識，其餘的便是潛意識。由此也可以看出意識與潛意識的界線與範圍是動態且隨機的，不像佛洛伊德之前所認為的固定不變。

　　佛洛伊德提出潛意識理論，榮格繼之以集體潛意識，現今對於整個人類意識的架構，有如下普遍被認可的序列層次：

意識 ⟷ 潛意識 ⟷ 集體潛意識 ⟷ 集體無意識

　　意識的結構要靠經驗、記憶、邏輯概念……等種種學習過程才得以成形；而意識的產生則牽涉到很多尚未為人理解的生化、量子能量的機轉，但是對於人存的實際而言，意識的發生與演化成就了人類語言、文字的發明，與隨之建立起的輝煌又麗大的文字文明。語言、文字可以說是人一生中最大的制約：我們學習的主要對象是它，是它讓我們能夠記憶，它本身的存在就蘊含邏輯與概念。從這裡也可以看出語言、文字承載著一個文化傳統與淵遠流長的歷史文明。所以，集體潛意識是特定族群在特定的環境中，藉由文字語言的發明，而創造出來的文字文明與其歷史文化長流。它是個體意識、潛意識建構時的舞台與背景，也是它們隱含的特質與無形的制約。而集體無意識則屬人類發明文字文明以前的原始文明，因為沒有系統化語言文字可以幫忙人類記憶，所以徒有意識的經驗過程，卻沒有辦法建構成意識。這時期便是各個文化傳統在文字文明建立的過程中，經由回溯追憶、記錄而流傳下來的神話歷史故事。這與個人生命發展史中，2～3歲以前的嬰幼兒時期，因為語言文字系統化的建立尚未完全，所以我們長大以後，大部分不會記起那一段時光發生過的點點滴滴一樣有異曲同工之妙，並能起到類比互證的功效。從這裡可

以看出：雖然我們的人生苦短，生命卻是活在時間存在的長流中；人類整個無限前展的歷史文明，也都蘊含在每個人的意識裡。

1953年，尤金·阿舍林斯基醫師（Dr. Eugene Aserinsky）發現在睡眠中會有快速動眼（REM, rapid-eye-movement）的現象。REM是指人在作夢時，眼球會在眼皮下猛衝打轉，後來就把正常的睡眠分為REM睡眠期與非REM睡眠期。然後在腦波的輔助與佐證之下，確定睡眠會有如下深淺不同的週期變化：醒著→1.淺睡眠（light sleep）→2.真正的睡眠（true sleep）→3.深睡眠（deep sleep）→4.深睡眠（deep sleep）；接著轉回到淺睡眠，發生REM（作夢）：4→3→2→1→REM。從清醒到REM為一個週期，下一個週期再以1→2→3→4→……開始，一個週期大約60～90分鐘，一個晚上大概有5～6個週期。而上半夜的週期比較會出現深睡眠，到了下半夜尤其是將醒未醒之際，常常還不到深睡眠就回轉到淺睡眠做夢；如1→2→3→2→（1）→REM→1→2，或1→2→（1）→REM→1→2。

而睡眠週期中各個階段所測得的腦波頻率有如下的變化：

階　　段：	清醒	1	2	3	4	REM
腦波頻率：	8~25赫茲（HZ）	6~8HZ	4~7HZ	1~3HZ	<2HZ	>10HZ

腦部神經傳導電路呈全方位立體網路結構，而且神經傳導是循環迴饋式的。也就是說，神經電流是多方向量的，電流強度可以互相抵消；再加上頭蓋骨的阻隔，所以測得的腦波振幅大小，不易找到相對應的意義（除了癲癇發作時，腦波振幅之大十分驚人之外）。所以在正常範圍內，可以只計較腦波頻率的多寡。頻率高，代表腦神經活動性高，意識清醒，身體呈緊張狀態；頻率低，則是腦神經意識活動降低，身體深沉放鬆。而深度熟睡的腦波頻率只有＜2HZ，表示主人翁的意識處於寧靜安祥的境界；在不經意間，有時還會經歷意識中斷，甚至是無意識的狀態。這情況與人命終時，意識停止、靈光乍現的現象相仿彿，所以常有人說「睡覺是短暫的死亡」。睡覺時如果能進入深睡眠，好好體驗身體深度的放鬆，品嚐無意識，就是我們能夠消除疲勞、恢復體力，使第二天醒來又好像再度成為新生之人的關鍵所在。

　　相對於「禪定中陰」經由止、觀的過程，於人清醒、覺知的情況下，經歷死而復活的經驗；「睡夢中陰」則是在睡覺神智不清的時候，來回走過生死的關卡。而佛陀要弟子們於中夜（印度一天分成六時，白天、晚上各三個時辰，中夜是早上4點到8點）開始時起來打坐禪修，就是為了把握還隱約記得在初夜無意識狀態下，體驗到深睡眠的

寧靜與無慮，趁機把它轉變成一種靜心開悟的瞥見。

S10　死亡中陰

- ·臨終中陰
- ·實相中陰
- ·投生中陰
- ·臨終中陰　　⟷　　實相中陰　　⟷　　投生中陰
- ·明光（根本、續發）⟷　　意識身　　⟷　　肉身
- ·靈魂體　　　　⟷（精神體⟷思考體⟷感情體）⟷肉身
- ·　靈　　　　　⟷　　　心　　　⟷　　　身
- ·集體無意識、集體潛意識⟷個體潛意識、意識

　　在有「三世輪迴」這種信念的不同文化傳統中，都會出現人死後到輪迴轉世之間，靈魂要通過什麼樣歷程的描述。例如台灣的道教信仰，有「做七」的科儀，於亡者往生之後，每七天做一次超渡法事，從頭七、二七……一直到七七，一共做七次；希望亡靈於七七四十九天之後，能夠投胎到較好的人家。而民間傳說，亡靈要過奈何橋到陰間或從陰間再次投生之前，都得喝孟婆湯，才能忘掉在陽間與前世的記憶。這些敘述顯示出不同民族在不同的文化傳統、社會背景之下，有過對於「死亡中陰」的探索與深

具民俗特色的敘事過程。

蓮華生大世是八世紀的印度高僧，後來在藏王赤松德贊禮請之下入藏，是藏傳佛教的鼻祖。在他所寫的《（中陰得度）西藏度亡經》中、把「死亡中陰」分為三個階段：臨終中陰、實相中陰、投生中陰。這過程在一般的情況之下，也是要四十九天。我們就依據他所描寫的為藍本，以量子理論與神經精神醫學的觀點，來闡述「死亡中陰」的經過。

在本文之前，先把「死亡中陰」與古印度瑜伽科學對於生命結構的分類（靈魂體、精神體……肉身體），和現代「身、心、靈」常用的說法，再加上精神分析學中潛意識的意識構成理論，以對應式的方式並列在一起，希望透過類比互證的方法，讓我們更能瞭解《西藏度亡經》中所說的死亡本質與過程。不過，現在我們直接以現代科學實證的事實與表達，來解釋、轉譯「死亡中陰」那種史前神話故事式的表現方式；不再一五一十地把原本的敘述重複一遍。

臨終中陰：人死亡的時候，呼吸心跳會停止，亦即腦神經電流傳導中止，意識作用消失。神經電流的傳導需要能量的驅動，今電流靜止，含蘊其中的能量會被釋出。一如佛教的說法：外息（呼吸）停止，生命之風（內息，生命的能量）匯聚在身體的心窩處（中脈）。有生以來，人

第一次真正體驗到無意識的狀態：腦無時無刻的喋喋不休戛然而止，所有的愛恨情仇煙消霧散，什麼樣的自我意識都不復再有。此時忽然發覺自己被無比光輝明亮的光芒所籠罩一根本明光顯現。從死亡到根本明光的顯現，一般人大約要經過一頓飯的時間。根本明光是存在整體無邊際的能量海，而匯聚在中脈的生命能量，即是我們生命個體的靈魂體。假如我們的靈魂體認出根本明光，不怕它強烈刺眼的光芒，與明光融合為一體，就能即時獲得解脫回到神國，不再受輪迴之苦。就像一滴小水滴或是一個小波浪消失在大海中，與大海一體無分。以上這一種人存實際的表達，在聖經創世紀中，卻是以神話故事來呈現：亞當和夏娃吃了知識之樹的果實，有了知識、自我意識以後，失去人本嬰兒般的天真與無邪，而被上帝逐出了伊甸園。人只有回轉成為小孩，並且捨了自我，才能再次回到天國。

除非生前有修練開悟的經驗，不然芸芸眾生乍見無限光明而讓人眼盲的根本明光，都會懼怕而逃避它，錯過解脫的機會；而當死者停留在體內的靈魂完全脫離身體時，生命個體的靈（光）就好像在大海上生起一個小波浪，在根本明光的含融與映照之下，亡靈所能感受的光亮，就轉為強度較弱的第二明光（續發明光）。同樣的，假如死者的靈能夠不畏灼眼的續發明光，浴火鳳凰般勇敢地與它融合為一，即能獲得解脫。再一次，亡靈會背對著明光，趣

向有感覺、情感、思考……等等的意識作用，所散發出來令人感覺柔和舒適的光；在無數世代對於生命執取、貪愛習性的驅策之下，希冀能夠重新獲得人身，從而走上被業力無明牽引，投胎轉世之路。

實相中陰與投生中陰：現在靈魂以一種能量的狀態，自由自在的直到投胎再生獲取肉身為止，得經過實相中陰與投生中陰兩個階段。這一過程揭示出在能量與質量相互聯結作用之下，生命與意識如何創生與進化的奧祕。讓我們先來考察植物從種子萌芽到長大成樹的經過，畢竟我們的身體在生物演化上也有著植物性的基礎架構。

植物種子在陽光、空氣、水……各種不同形態能量的作用之下啟動生命力，開始發芽、抽莖長葉。我們可以看出樹木不是從種子內部的一個微型成樹慢慢長成，而是一步步透過演變成形的；意思是說，生命的過程與完成是經由演化而來的。從這裡我們可以看出，宇宙從物理層面（能量）經化學層面（化學反應）再到生物層面（植物）——從無機物到有機生物體的發生——的演化，是一種深具創造性的變異過程。植物有新陳代謝，是生命存在的一種形式。其不具有神經系統，所以訊息的傳遞是靠體液化學物質的攜帶，雖然不若神經電流來得快，但還是有電子—能量的傳遞與交換；也就是說，植物是有意識的，只是非常遲鈍，因為沒有專屬腦神經功能反省觀照的能力，所

以植物的靈性指數是零。

　　從植物生命的觀點透視人肉身死生的本質以後，讓我們進一步探索人類意識的發生與進化：現代胚胎學的研究發現，人的胚胎大約8週大的時候，就能測得腦電波（EEG）；到12週時大腦結構大致發育完整。然後演化生物學家驚覺，從受精卵到呱呱落地之間，胚胎的形態依時間順序竟然與魚類、兩棲類、爬蟲類、鳥類到哺乳類相類似，最後才出現人類的樣貌；原來我們在母親懷胎十月的子宮裡，重新經歷了幾億年物種演化的過程。出生以後，具不同層級神經中樞—植物（自律神經）中樞（管轄肉身體）、感情中樞—感情體、思考中樞—思考體、精神中樞—精神體——的大腦，就像剛出廠的電腦，空白的硬碟等待人類經由經驗、學習、記憶、思考……與邏輯概念建構出不同的軟體程式。從精神分析學的觀點來看，嬰幼兒2～3歲之前，語言文字尚未系統性的建立完成，所以記憶沒辦法完整。此時架構出的軟體程式即集體無意識，等同人類在歷史文明長流中，在文字、語言尚未發明之前的史前神話故事文明；接著人類的歷史來到有文字人文的文明時代，這相當於我們深受文字語言制約的集體潛意識。

　　《西藏度亡經》的「實相中陰」描寫的是死後由我們生前的腦神經作用（統合感情體、思考體和精神體）所結構成的「意識身」，要經歷過伴隨各種光芒、顏色與聲響

的112位神祇（這些神祇應該是出自印度傳統宗教的神話系統）。所以「實相中陰」敘述的是人集體無意識的形成經過，通過它來到從文字文明至近代前世今生之集體潛意識與個體潛意識、意識的建構，也就是即將面對重獲人身的「投生中陰」。

講到這裡，出現了人必然會遭遇到的矛盾情境：靈魂屬能量，沒有形相可言。那麼投生之前的「實相中陰」、「投生中陰」等種種經歷，實在是人投胎以後，待能量與質量結合，有了生命、意識之後才會發生的事。也就是說，「死亡中陰」是人但知其存有，卻沒有辦法加以表達之屬靈的領域。再者，只有靈魂（能量）沒有身體（質量）的世界，因為沒有空間可以用來度量能量運動所需要的時間，所以「死亡中陰」七七四十九天的說法，對亡靈來說是沒有意義的。

人們說：「死亡是長時間的睡覺，睡覺是短暫的死亡」，但「死亡中陰」與「睡夢中陰」之間倒有一些不同的地方：「死亡中陰」經歷的是「真死」；「睡夢中陰」的只是「假死」。而死亡再到重生醒來，靈魂會換個身體；但「南柯一夢」一覺醒來，則會發現「我還是原來的我」。不過，不管是生還是死；是「真」的還是「假」的，人生好像都如幻夢一場！

附
錄

以宗教神祕冥想的進路，看量子的弔詭

首先，先定義量子：能量、物質或知識不可分的單位，是可能存在的最小量。其次，再來看什麼是光子：電磁力的量子，質量為零，可以無限前進。

其實可以說：光子是太陽光的粒子，太陽光是一種電磁波，可見光（紅、橙、黃……）、不可見光（紫外線、紅外線……）皆是。光子的性質，可以是粒子，也可以是波（動）。它的振動是上下，而音波是前後振動。光的速度是每秒30萬公里，音速就慢很多。光子是能量可能存在最小量的量子。為什麼在定義量子時，科學家要再加上物質或知識這兩個名詞呢？

這不禁讓我懷疑，科學家為了想對心電感應（suprasensory perception, SSP，或超感覺知），或因孔子而蔚為儒家學說，還是因耶穌而有基督教，保留最後可以解釋的餘地：是不是有所謂物質或知識形式的量子（其實應該也是能量）在人與人之間傳遞、共鳴與覺知呢？而這也不能不讓人想到佛陀與迦葉（印度禪宗第一祖）兩人之間，拈花微笑那個公案來……

話說愛因斯坦的相對論

二十世紀前半，人類努力地構思宇宙的圖象，而在微觀小尺度核子內小粒子的高能物理學有所突破的時候，才對巨觀大尺度的宇宙有比較像樣的拼湊，真所謂從一花看一宇宙。

要談到量子的弔詭，就不得不先對處理宇宙時空之愛因斯坦的相對論，做一些基礎粗淺的回顧；再說相對論中對時空的一些觀念，實在也是令人匪夷所思，與量子的理論一般弔詭。

愛因斯坦的相對論開門見山地說的就是時空是相對的，沒有絕對的空間，也沒有絕對的時間。牛頓之前一二千年，人類認為地球是宇宙的中心，靜止不動的，太陽與其他行星繞著地球走；滿天的星星在圍著地球的天幕之外閃呀閃的。就這樣，人需要一個靜止的地球與一個絕對的空間，作為一個標準一個參照來構想宇宙的圖像。

哥白尼提出日心說（地球繞著太陽轉），伽利略改良當時的望遠鏡，對行星有較佳的觀測，對於以太陽為中心的太陽系，比較有自信與肯定的如實描述。接下來就是牛頓劃時代的貢獻，他提出牛頓三大定律：慣性、動量＝重量X（加）速度、作用與反作用力。並提出引力大小的計算為質量乘質量除以距離的平方——引力的大小與兩個物

體的質量成正比，與距離的平方成反比；這與愛因斯坦的質能互變公式：$E=mc^2$（物質所具的能量，為其質量乘以光速的平方）在能量的大小上，雖然不可同日而語，但還是深具物理學定理的簡單明瞭與神祕直覺的美感。

話說愛因斯坦的相對論：空間的相對

酷愛以思考邏輯（thoughts experiment）推演物理現象的愛因斯坦，在說到空間的相對論時，曾提到類似的狀況：甲跟乙在一列急駛的火車上打桌球，因為地球地心引力的關係，甲跟乙與桌球之間的互動空間，他們兩人的感覺，一如在靜止的地面上打球一模一樣；而假如你站在火車外看著甲跟乙，以你所在地球的位置為標準，在前後很短的時間內，你就能看出你跟甲與乙之間產生怎樣的空間變化。

回過頭來看，當人類每天看著太陽從東邊升起，往西方落下，從這樣的知覺推論出太陽繞著地球跑，實在也無可厚非。再來人因為觀測儀器的進步，使我們能看得更遙遠，而能夠以太陽系的眼光看地球，原來地球是繞著太陽轉的；而愛因斯坦的相對論就是嘗試以不可思議廣闊無垠宇宙的眼光看宇宙。因著相對論，人類藉著更精密不同波段的探測儀器向著宇宙探尋而去，與高能核子物理學同時

俱進的突破，我們人類才慢慢勾勒出宇宙的像貌，推演著宇宙的生成、演化與未來。

在描述與光速相關的空間相對性，愛因斯坦曾提出這樣的說明：假如甲與乙兩個人同時向同一個方向前進，甲以時速100公里、乙以時速80公里前進，我們可以看到甲與乙以時速20公里的距離互相遠離。

假如我們乘著時速1000公里的火箭前進，相對於光速而言，我們永遠看著光以它一貫的每秒30萬公里的速度離我們而去；你可以說，時速1000公里與秒速30萬公里相比，渺小到可以忽略不算。但是光速以一種至高無上之無可逾越的態勢，在在顯示出不同層次的存在。這在量子（光子是一種量子）的弔詭中，我們可要再好好琢磨冥想一番。

愛因斯坦曾作過這樣的虛擬與想像：假如他能夠像光一樣以秒速30萬公里前進，他所看到的宇宙會是怎麼一個樣子？他終生也沒回答，他可能知道，或者他來到一個不可言說的世界。

空間相對性的圖象可以這樣描述：在光瀰漫、相攝、互融的空間之中，自轉的地球繞著太陽公轉，太陽系繞著銀河的中心轉；然後，據說有1000億到2000億的的星系（銀河）繞著宇宙的中心轉；再然後，各個星系相對於宇宙的中心互相遠離而去，你永遠找不到一個靜止可以為標

準的空間。

以屬人的話語可以這麼說：生命的存在好似能量的流動，在光中相遇、關連、黏結；世界生起，然後壞滅；然後再相遇、關連。忽然，想起聖經的一句話：「上帝說，我就是光。」

永生的奧祕與實踐——時間的相對論

從牛頓以來，到愛因斯坦發表相對論，人們對於沒有絕對的空間、空間是相對的，慢慢地可以理解與接受。但是，還是認為有絕對的時間，有客觀存在、普天一致的時間；我過了一分鐘的時間，也會是你的一分鐘，不會變成你的大於或小於一分鐘。而時間的相對論說的正是每個人以他獨一無二之生命的頻率與速度，經歷著快慢不同的時間，我的60分鐘可能是你的59.999分鐘。這說下去，有點像是在陳述宗教的神祕經驗，而不是硬梆梆的物理現象。

首先，應該先來看看物理學對於時間的定義，其實愛因斯坦認為時間與空間，是互為表裡的同一事件—時空。依據目前科學的證據，大家比較能接受宇宙發生的模型是大霹靂：宇宙的開始來自一次大爆炸，然後能量就這樣四面八方擴散、遠離，隨著這向十方運動的過程便喚作時間；隨著時間的過去，空間於焉形成、擴張；因著局部能

量密度的不同，互相碰撞、吸引、黏結，而醞釀成各式各樣的世界。所以可以這麼說，在運動中時間與空間一體兩面的形成，假如空無一物、一切靜止，就無所謂時空了。

我們可以假設，光從A這個地方出發到達離三十萬公里遠B那個地方為一秒鐘，假如B以某一速度向著垂直於AB直線的方向前進一秒鐘到達B'，則ABB'形成一直角三角形，斜邊AB'大於直角邊AB；所以光到達B'這個點所需的時間，必然大於到達B這個點所需的時間。在這個情況之下，B過了一秒鐘的時候，在B'的B還要再過一點點……的時間才是一秒鐘。當然，光是在立體的空間行進而形成一圓錐體，圓錐體的頂點在A，不過把它從ABB'三點切成一個平面來理解，道理是一樣的。

但是B到B'一秒鐘所走的距離，比起A到B三十萬公里實在渺小到不行；所以時間的相對性，就我們人現在這個樣子實在感覺不出來有什麼差別。

光從A向遠在30萬公里外的B發射而去所形成的圓錐體，在物理學上可以稱作事件水平；就是說，假如B向著垂直於AB直線的方向以超過光速的速度前進的話，B會逃出圓錐體底面圓形的範圍；B會蹦出這個世界（宇宙），到達一個我們不可知的世界（宇宙）。那麼B對於我們這個世界而言，他來到一個永生的境界。所以說，假如我們的存在能以趨近光速前進，我們就能活出趨近長生不老永

恒的生命來。

愛因斯坦的相對論，有一個有關速度越來越快，時間越變越慢的數學公式，教人看了簡直不可思議；他是怎麼推論出來的呢？所以說，在神國的一日宛若在地上千年的關鍵，在於我們的生命形態能不能達到趨近光速的存在。

首先，我們來檢視假如物質慢慢加速會發生什麼變化，依據牛頓運動第二定律：一個物體在運動中所具有的能量為它的質量乘以它的速度。所以，我們要給它一個加速度，我們要額外給它的能量為它的質量乘以加速度；然後，科學家已經證實在行進中物質所具備的動能會有一些轉變為質量；這符合愛因斯坦在相對論中的預測：速度越來越快，物質會越變越重，長度也會越來越短。這樣一來，會形成一個惡性循環——速度越來越快，物體的質量越變越重，所需要增加加速度的能量就越來越大。嗚～我們人永遠沒辦法達到光速啦！

從物理學的事實與定理可以推論出，在這可見的世界我們要達到趨近光速的存在斷無可能；難道永生的應許與盼望是虛幻的海市蜃樓？讓我們從人存生命主觀的經驗來探索，是不是還有其他的可能。

有一個1930年代出生的印度師父，他自稱21歲成道，他的前一世是七百年前的出家人。就這一點被他大部分是西方人的一個弟子質問：老師何以知曉700年前的事？

師父說：七百年那麼長的時間刻度是相對於我們人的肉身體才有意義的；對於沒有肉身純粹精神體的存在，是感覺不出漫長歲月的逝去。我是看出現今周遭相伴的弟子們，有人前一世曾與我同在；我從他們生命所烙印的累世記憶，推算出七百年已悠然而過。從師父前一世的最後一個心念──死心，到今世推動今生生命的第一個心──結生心，對師父而言，恍如幾個剎那，凡夫的人世間，卻已經歷了七百年的滄桑。

後來者，為了要說明白相對論中速度越快，時間變得越慢的道理，大部分會提出這樣一個現代式的童話：假如一個太空人乘著趨近光速的太空船去做星際旅行；或者想方法進入黑洞，而能避免被黑洞超過光速的重力碎為微塵，據說如此就能通過黑洞進入到那一頭的白洞〔另一個世界（宇宙）〕，實現太空瞬時旅行的夢想。

然後還有辦法回到地球來，太空人雖然只經過極短的時間，但是地球已是百年千年的物換星移了。

說到這裡，不禁讓人想起小時候聽到的一則日本童話：一位小男孩被海龜帶到海底龍宮遊玩，快樂到把家拋到腦後；過了幾天，忽然想起地上的家，央海龜再帶他回家，那時候他父母已垂垂老矣，互不認得了。

不管太空人現代式、或者是日本人古代的童話，在相對論的道理上是說得過去的，當然在事實上是斷無可能

的。然後，我們比較成道師父覺知前世今生的通達與愛因斯坦的相對論，他們好像都指向同一個天啟般非凡人所能了解的真理。

只是愛因斯坦以他理性與邏輯的推理到達，而宗教神祕家以他整個生命與存在的體驗呈現。

成道，邈不可期；前世今生，假如不能變為親身體驗的事情，也是茫茫渺渺。應該來探究，就在現世人們就能感受隱含時間相對性的事實經驗。取乎法上，而不可得，退而求其次，讓人不得不想到佛教的禪修。禪修有二種：（1）修止（定）（focusing meditation）與（2）修觀（analytic meditation），而入定是為了出定以後可以修觀。

所謂禪定，是為使人心能夠連續不斷地專注在一個對象上〔這實在有夠難，假如稍微有一點內省功夫的人，就會知道我們心的念頭，有如千軍萬馬奔騰在廣大的戰場上；可以有很多的對象可供選擇，通常建議心止於呼吸上（入息、出息或入出息）〕，假如心能不止息的定在一個對象上，心便能清楚透視所有的對象〔如實地觀察、覺知便是所謂的禪（修）觀〕；持之以恒便會有智慧的產生，最終入於道。

禪定的修習次第從開始到入定有如下的禪支與層次：尋、伺、輕安、喜、樂、（捨）、一境性：整飭調伏身

心，待坐定；令心朝向思惟當下心要專注的對象（尋），然後再深深考察、數數思惟於對象（伺），如此慢慢地呼吸變為細微深沉；有一種身心的輕安會在不知不覺中生起；然後身的法喜、心的快樂會繼之而來；為了對治人的執著與貪圖喜樂，再來要施於捨（不執著）的工夫；最後來到定─心與對象結合為一境（一境性）。

我聽人家說，入極深禪定的人可以入定數天再出定；數天的時間是對我們凡夫而言，在師父主觀的感受上可能只是彈指之間罷了。

引歸自己在30分鐘最多45分鐘的時間，我是尋伺再三，再三尋伺，再來常常是漫天過海地找尋莫知所之的心，也不知有無輕安降臨，我的身心倒是如坐針氈，度秒如日啊！以禪定體驗愛因斯坦時間相對的真理性，對我而言恐怕又要落空了。

有神的所在：客觀的隨機性──量子的弔詭之一

愛因斯坦依據他自己提出相對論的數學算式，推論出宇宙還在擴張；可能是幾千年來人類對於絕對與靜止世界的要求，已經形成慣性；天才一世、糊塗一時的愛因斯坦竟然認為宇宙已經停止擴張；而在相對論的算式中加了一

個宇宙常數（宇宙內各各物質間重力所形成的吸引力，來平衡宇宙擴張的斥力）得到靜態宇宙的結論。當時宇宙天文的觀測與高能物理學的發展對於宇宙是靜止的還是擴張的，還提不出可供參考的事實證據，只能讓理論物理學家盡情的發揮他們的想像力。

美國天文物理學家哈伯在觀測非本星系（另外的銀河系）的星光時發現，所接受到光的頻率會隨著時間越變越慢，波長愈變愈長，以紅位移（red shift）的現象（紅橙黃綠藍紅的那端是頻率慢的那端）證明了各星系互相遠離而去，也就是宇宙還是在擴張中。

為了解紅位移，我們可以以救護車的警笛來類比：假如它朝著我們而來，警笛聲會愈來愈大聲（在星光的觀測中叫做藍位移）；如果它離我們而去，警笛聲越來越小聲（聲波的頻率變慢，波長變長）。雖然聲波的振動方式與光波不同（前後振動VS.上下振動），速度也不能相比（那能與光速比），但是道理是一樣的。

從紅位移證明了宇宙的擴張，科學家逆推回去而提出大霹靂（big bang）宇宙發生的模型：宇宙的誕生來自於一次大爆炸。進而推想在大爆炸時，電熔狀態的宇宙以不可思議的高溫（10億度）向四面八方爆漲而去，到現在經過約150億年的時間；所形成的150億光年的空間中，當時的高溫應該降到很低很低的溫度；而在整個宇宙的背景中形

成一種頻率屬於微波的熱（黑體）輻射；只要偵測到所推論的宇宙微波背景輻射，就可以證明大霹靂的理論。

一時間，很多科學家根據所估算出微波輻射的溫度望向宇宙，希望找尋到它存在的蹤跡。

1964年，美國貝爾實驗室的工程師彭齊亞斯與威爾遜以電波望遠鏡探測宇宙時，不小心發現到令人困惑的電波雜訊，這雜訊怎麼樣也消除不了，而且不管朝向那個方向，都能接受到各向相同的電波，他們就這樣無意間找到了宇宙微波背景輻射；並且於1978年因此而獲得了諾貝爾物理獎。

因為紅位移與宇宙微波背景輻射而把宇宙發生的模型定於一尊的大霹靂理論，到現在近50年的時間，伴隨著高能粒子物理學的發展與天文宇宙探測儀器與技術的長足進步，宇宙物理學家幾乎可以推論出大爆炸以後，宇宙150億年來是如何演化的：從基本粒子到原子的生成，從恆星星系到各個化學元素的產生，從大霹靂到黑洞的時間旅程，都可以推論出高度共識與栩栩的圖像。難怪有一些躊躇滿志的物理學家會這樣說：給我有關宇宙任何時候足夠的條件與資訊，我就可以給你宇宙明確無窮止盡的過去與未來。

赫赫有名的英國理論宇宙學家霍金一直都認為宇宙的創生實在是沒有神存在的地方，最近配合新書的出版，他

更大剌剌地說出無神的主張：我們的宇宙是沒有神的所在。

　　量子抗議了，它說：我以我客觀隨機性的本質在在說明著：這個宇宙是有神的所在。

　　宇宙物理學家推估，大霹靂以後經過30萬年才有原子的產生，1億年以後才有恆星的形成，然後黑洞〔一些特定大質量的恆星（太陽）在邁向死亡終點的時候所變成的〕出現。從大霹靂到黑洞的時間旅程，宇宙其實展現出其內部個別不同的恆星或星系，從出生到死亡、豐富且多彩的生命歷程。說到底，那麼令物理學家意氣風發為之四顧的原因，是我們人類以不滿百的年齡竟能窺探宇宙150億年的年華與容顏；然後將須彌山納入到一個芥菜種子那般地，把150億光年的宇宙空間想像成一個球體，來衍繹宇宙的演化。也難怪物理學家會大言不慚地宣稱，給他宇宙現況儘可能詳細的資訊，他就能夠給我們宇宙無窮止盡的未來與過去。

　　不過話又說回來，佛陀不是說過：「此有故彼有，此生故彼生；此無故彼無，此滅故彼滅」的緣生法：每一個當下事物的發生與存在，都是之前的原因與條件所造成的，接著本身也是未來事件發生的原因與條件，如此形成一種無始無終的因果關係。這樣說來令物理學家沾沾自喜的，也只不過是物理學版本的因緣所生法罷了。再說他們

怎麼可以忽略，就在我們地球上所呈現的量子的客觀隨機性呢！

不管發現的是化學新元素，或者是高能物理的基本粒子，科學家首要的工作，總是要搞清楚它們的性質與特徵，而在探索量子（光子，光的粒子）特性的時候，他們發現量子具有令他們瞠目結舌、不知所措，而且與人類思考邏輯背反的本質：客觀的隨機性。

所謂客觀的隨機性，是說一個量子這一瞬間在這裡，下一個片刻它要去那裡，或者前一刻它從何而來，我們人類毫無所悉，真是束手無策；因為它是跳脫因緣所生法的因果關係。

而所謂客觀的，是說這隨機性不是人為主觀的隨意；它是實實在在在實驗室觀察得到的事實。聽說科學家起初獲悉這樣的結果，面面相覷不敢置信，把實驗重覆做了好多次，再過一段好長的時間才接受它的真實性。

對於量子客觀的隨機性，愛因斯坦恭逢其盛；也因此而說了一句常被引用的名言：「上帝是不擲骰子的（上帝不能用隨機的或然率，創造宇宙）。」注重理性邏輯分析的西方文明還真矛盾，說有神的存在，然後神創造宇宙要符合人類因果律的思考邏輯。真不明白，是上帝創造人，還是人創造上帝。

《聖經》上說：「上帝是自有永有，從亙古到永

遠。」依此我們來檢視量子到底神或不神？量子是最小單位的能量，宇宙的森羅萬物可以說是能量因為不同的溫度而顯現出來的（物質是速度慢了的能量，速度與溫度成正比）；科學家還不了解能量到底是如何產生的，莫名其妙從空無中蹦出來？所以說，量子是自有永有（超越因緣所生的因果律）；依據物理學的能量不滅定律，所以量子自是從亙古到永遠。

疊加（Superposition）——量子的弔詭之二

說到量子的疊加，應該先提邏輯學上三一律〔同一律（a=a）、矛盾律（a不能同時為a，又為非a）、與二一律（a為a，或a為非a，二者只能居其一）〕。在巨觀經驗的世界可以這樣說二一律：一個球只能在盒子內，或者在盒子外，不能同時在盒子內與盒子外。

量子的疊加就是假如一個量子是一個球，那麼量子在物理的實驗上卻呈現出它同時在盒子內與盒子外的事實。這一存在上的矛盾，對於以理性邏輯與數學建構他們強大自我的物理學家們簡直是晴天霹靂，使得許多科學家受傷挫折到對於量子施展否認這一招自衛機轉的地步，拒絕面對與承認量子的疊加。

疊加的實驗是這樣設計的，用一個裝置把一個光子射出，在它的前面建造兩個路徑供它選擇；在終端各有一個偵測光子的儀器，結果就是兩個偵測儀都能檢測到量子的到達。我們可以像達賴喇嘛那樣問為他解說疊加現象的物理學家：回過頭來，讓我們追蹤兩個路徑的整個過程，看看量子到底走那一條路徑。想不到科學家的答案卻是，實在是說不上來，我們只是知道量子從這裡消失，然後莫名其妙地出現在另外一頭的兩個所在。

　　量子的疊加，所顯示的是矛盾的合一與一體無分的存在性。這與人類遠古時期具有形上根源的哲學，尤其是東方文化起始的哲學，為了呈現那絕對的存在物，常常同時出現對立兩極的矛盾表達有異曲同工之妙。

　　例如在老子的《道德經》，為了說明天道的本體功用，與得之於道的人德是什麼樣的情況，而有這樣的說法：「天下皆知美之為美，斯惡已；皆知善之為善，斯不善已；故有無相生，難易相成，長短相形，高下相傾，音聲相和，前後相隨……。」生命根源的道都是矛盾兩極（有無、難易、長短、高下……）無分的呈現。到了人為的現實世界才會有美為美，可意；醜為醜，可嘖；善為善，惡為惡二分法的的矛盾對立。因此老子認為合於道的聖人，會是「知其雄，守其雌；知其白，守其黑；知其榮，守其辱……」。

生與死、光明與黑暗其實是生命的一體兩面。所以老子會說：「貴必以賤為本，高必以下為基；禍兮福所倚，福兮禍所伏」；然後上士之人會是「明道若昧（暗），進道若退，大白若辱。」

與老子同時代的孔子，以他務實自然的生命情趣，說了：「君子之於天下也，無適也，無莫也；義之與比。」適與莫，兩極對立；無適無莫——矛盾同一，無分包容。最終還是著重在將這不一定要這樣（適），不一定要那樣（莫）的智慧，如何落實在屬人世界的義理上。

而在注重冥想思辯的印度佛教，不管是維摩詰經上的不二法門，還是中觀的八不中道（為了彰顯中道，用了八個相對的否定：「不生不滅，不常不斷，不一不異，不來不去。」）對於絕對之超越矛盾的存在，都有極佳的邏輯分析與表達。

但是千萬記得，即令人類的理性思考多麼高超；都不及量子的疊加來得簡單與明瞭。

非地域性（No Locality）——量子的弔詭之三

有關量子非地域性的實驗是這樣的：從同一個光子的發射器向著相反方向同時射出一個量子（光子），然後在

相同距離的地方各置放相同的偏光器，後面緊跟著偵測光子的儀器。因為光子波動的偏斜會造成兩種結果：通過偏光器，或者被阻止；有沒有通過由隨後的測光子儀器馬上可以得知。實驗的結果是兩個光子非常有默契地同步地通過偏光器，或者不通過，一而再再而三的試驗都是如此。

我們可以這樣描述量子的非地域性：雖然兩個量子相隔千萬里，卻還仿若當初我泥中有你、你泥中有我的糾纏態；對於其中一個量子的測量所引起的改變，必然會影響到另外一個的量子；量子好像具有遠距的超感覺知，可以不受地域的限制，千里靈犀一點就通。

量子非地域性的實驗，發生在愛因斯坦的時代。

他當然發表了他的看法，我們人遇到莫知所以的難題，第一個會產生的念頭常常是看看天才怎麼說；他說：假如兩個量子之間有什麼訊息的傳遞，一定是以光速進行的。這樣的話依照愛因斯坦的相對論，光速行進的量子時間對它而言是靜止的；換句話說，就是超越時間，沒有時間性；如此量子非地域性的現象才有可能。

總的來說，量子的三種弔詭：客觀的隨機性、疊加、非地域性，其關鍵的所在應該是量子是以光速的速度存在。不知我們人可見生命的形態，有沒有包含充滿神祕奧妙的量子態；是不是把存在的生命練就成量子的感應器，或者是量子的激發器，經驗了量子的三種弔詭，我們便經

歷了神；也才會明白佛陀所說的涅盤寂靜是什麼樣的實存體驗。

發表於《台灣醫界》，2012，Vol.55，NO.6

從生命人存的角度，看量子的弔詭

　　以前科學只是哲學的一支，人類對於生命宇宙最終的追索，常常訴諸於形上哲學內省式的陳述與理解；或是轉向宗教倫理美學的解決。當今自然科學精確的實證敘述與數學描述，尤其是在愛因斯坦發表相對論以後，高能物理學與宇宙天文學的突飛猛進，簡直把哲學打趴淪為文字戲論的語意學。一些絕頂聰明的宇宙物理學家，還想凌駕宗教爭奪上帝的論述權；甚至宣稱宇宙的起源與創造實在可以不需要上帝。

　　人類把自己帶到面對挑戰上帝終極權威的地步，實在有必要靜下心、回過頭來，很自分的從生命人存的角度，重新審視量子的弔詭。畢竟量子是連接可見巨觀世界與不可見微觀世界的橋樑，也是有限望向無限的一扇窗；通過這樣鳥瞰的回顧與敘述，看看我們能不能稍微透顯出一神宗教神這個概念是如何產生，以及其所指向的究竟為何？

量子是什麼

　　量子是能量、物質或知識不可分的單位，可能存在的最小量。光（光子，光的粒子）也是量子的一種；為了實用與簡約，我們可以視量子為光子（這樣說有失學術的周延與表達的準確性，但是如此簡單的約定，所給于我們對於宇宙瞭解圖像的瞭解，比較清楚明白也不失偏差。）再說在自然界，光子是可以隨意製造與取得的，有關量子的觀察與實驗也都是以光子為對象。

　　光子是能量可能存在最小量的量子，這所謂最小量或是不可分的能量單位，卻大有奧妙之處。我們知道光子只具有能量，質量為零，它的運動速率為光速c（每秒鐘30萬公里），可以無限前進。假如它的能量強了些，多了一點，若不是於在行進中易與其他能量粒子作用而獲得質量，失去無限前進的能力；則是在高速的光速中所具有的動能，因為一些會轉變成質量，同樣是從天堂跌落地上。如果它具有的是更小的能量，雖然依舊能夠自由自在的邀遊宇宙，卻變成孤僻與任何東西無涉的流浪漢，錯失了參與生命造化的機會，也失去了給人溫暖給人愛的能力。

光是電磁波

英國物理學家詹姆斯馬克士威（JamesMaxwell）於西元1865年發表有關電磁學的馬克士威方程組，分別以不同的方程式解釋說明電（子）流如何產生電場，而時變（改變）的電場怎樣產生磁場；反過來時變的磁場，也會產生電場；就這樣時變的電場→磁場→時變的磁場→電場→時變的電場→……，可以永續的循環下去。好像電扇那樣，用時變的電流產生兩個同性相斥的磁場，讓電扇轉呀轉個不停；磁浮列車也是利用同樣的原理而能不停地飛快向前。

在這種電磁現象發生的同時，馬克士威偵測到一種電磁的波動，它只攜帶能量，不攜帶物質，運動速率跟光速一樣。因此推測光本身就是電磁波（electromagnetic wave）。並且發現電場的方向與磁場的方向彼此垂直，兩者的方向所形成的平面與電磁波行進的方向垂直，就像舉起右手做把手槍的樣子：大拇指向上（電場的方向），食指與大拇指垂直向前（磁場的方向），而中指向左伸出（電磁波行進的方向）與大拇指跟食指都垂直。現在我們知道電磁波是一種電磁現象，由改變中的電場與磁場不斷的相互作用而生成，以光速行進。電磁波包括無線電波、微波、紅外線、可見光、紫外線、X射線和伽瑪射線。各

種電磁波都是量子化的能量束（粒子），而以不同的頻率
與不同的波長（波峰與波峰或波谷與波谷之間的長度）互
異。

光的量子效應（Quantum Effect）

愛因斯坦讀大學的時候，對於教授竟然沒有教馬克士
威的電磁學，很不以為然。他在自述中說，在構思相對論
的過程中，曾以電磁感應產生電磁波的現象為對象，思索
一個虛擬的問題：假如他能像電磁波那樣，以光速離開不
斷相互作用的電磁場，他會看到什麼？答案是靜止的電場
與磁場。一時之間，我們可能想不出來，這一個思考實驗
與相對論有什麼關係？但是為了探索光的性質與特性，愛
因斯坦於1905年發表讓他後來獲得諾貝爾物理獎的論文─
─光的量子效應（光電效應），與電磁現象產生電磁波的
原理，不但有異曲同工之妙，甚至有移花接木之嫌。（當
然是我們現在後知後覺的後見之明）

量子效應是：當光照射到金屬表面的時候，光子所具
有強弱不同的能量（與光的頻率有關，頻率愈高能量愈
強），會被圍繞在金屬原子外的電子層所形成的能量場
（電場）所吸收；如果光的能量強到足以讓最外層的一個
電子脫離原子的控制，則會打出一個電子。相反的，假如

此時金屬捕獲一個電子，則會釋放出光子。

這樣的說法有點為難當代的原子模型理論：電子是粒子，在原子核外不同的能量階層快速的圍繞原子運動，就像太陽系的行星在固定的軌道上繞著太陽轉。當時量子物理才剛萌芽，到很後來光除了是粒子也是波動的雙縫實驗中，證明光以波動前行時會形成所謂的能量場，才能明白光是波動的實際情況。如此量子場與原子核外的電子場兩兩相互作用，才成就了所謂的量子效應。

在此要附帶一提的是，電子不是量子，在光的雙縫實驗中，卻也能夠產生波動的效果。當然電子不具有量子弔詭的特性，不能以光速C前進，也許是電子長的人見人愛，走到哪裡，就會被黏著在那裡！

基本粒子界的哥倆好與鐵三角

粒子物理學的標準模型理論，把基本粒子（構成物質最小最基本的單位）分成四大類：1.夸克：組成質子，中子的基本單位；2.輕子：以電子為代表；3.規範玻色子：不是物質的組成成分，而是在粒子之間，起媒介作用傳遞交互作用力的基本粒子；4.希格斯玻色子：即被媒體暱稱為上帝粒子的基本粒子。甫於2012年7月初，由歐洲核子研究組織（CERN）初步發現，2013年3月確定證實；同年英國

物理學家希格斯獲頒諾貝爾物理獎，它的發現證明基本粒子如何與希格斯場（Higgs field）的能量粒子交互作用，而獲得質量。

光子隸屬於規範玻色子，它是傳遞電磁場交互作用力的基本粒子。時變的電（子）流產生磁場，然後時變的磁場反過來生成電場，在這樣電磁場交互作用之下，能量的傳遞者便是電磁波的光子。而電磁場發生的源頭，是身為基本粒子輕子的電子。在科學化約的原則之下，現代物理學家建議在延伸應用電磁效應——光子法則於日常生活經驗的時候，可以把電磁場或量子效應的金屬原子核略去隱藏；而直接認為電子與電子之間的獲得或失去，所涉及的能量變化，便是光子的吸收或釋放。例如在解釋粉筆是白色的時候，可以這樣：光打在粉筆上，粉筆分子結構的電子層，不能吸收可見光頻率的電磁波；全部反射出來，由人的視覺接收，就成了白色的。（有些動物的視神經沒人類那麼敏感周全，沒有白色這種感覺）而所謂眼睛是人類的靈魂之窗，不就是只是同一個事件光的訊息，打在人的視神經細胞上，觸發神經細胞的電流，在神經系統中來來回回，循環回饋的形成感受、感情、情緒、思考、記憶與推論，由此而造就了無數無量的世界（每一個人的內心，都是一個個獨立分別的世界）。

所以從生命人存的角度來看，光子（能量界的代表）

與電子（質量界的翹楚）好像是存在世界中，焦孟不離的哥倆好，由它們一統江湖，號令天下。因為一切外顯的生命現象，只不過是原子與原子或分子與分子之間，電子轉移的化學變化；就如電腦影音的原由，是由一個位元上電子之有無，形成＋、－二進位的符號所幻現出來的。而人之不同於電腦，在於光子能賜給我們一種特有的生命氣息與熱度。屍體與活人之間的差別，恰可以給我們最好的類比，因為死人也只是少了一些些能量，以不同頻率的電磁波給輻射走了。

但是使宇宙的形成與生命的發生成為可能，除了光子與電子之外還需要重力子（引力子），才能畢盡其功。重力子，光子與電子堪稱基本粒子界的鐵三角。重力子也是規範玻色子之一種，現代物理學家認為物體之間重力的來源，是由重力子居間傳遞相互作用力而產生的。是重力才會有星系中心黑洞的形成，也是重力恆星太陽才能生成，太陽內部核融合反應也才能連續不斷的發生，供應我們源源不絕的光，生命的誕生發展與延續於焉成為事實。

光與狹義相對論

在馬克士威證明光是電磁波以後，科學家就近取譬認為光波如同水波（水）、聲波（空氣）和地震波（岩石）

一樣，需要介質來傳遞光的波動。於是他們假設太空中充滿以太（the ether）這種介質，以供光波的傳導，並想方設法驗證它的存在，結果無功而返。那時愛因斯坦的相對論尚未發表，人類的物理思考雖然仍在牛頓運動定律的支配之下，對於空間的相對性還是很有概念的：例如以時速10公里的速率，走在時速10公里的電動行人傳輸帶上，被測得的走路速度，會是時速20公里。同理在測量聲波的速率時，也會因為觀測人相對於聲波來源的運動速率，而使測得的聲波速率增加或減少。當時的物理學家認為，這種法則也可以應用到光波速率的測量上；結果是不管人的速度為何，遠離光源（會形成紅位移：光的頻率會變慢，波長變長）或接近光源（會造成藍位移）；（就後來天文宇宙學的發展來說，此處光源可以是遠離或接近地球的星光：星系或恆星星體本身的的運動速率，相對於光速，比起人類人為的速度，畢竟快很多。）被測的光速，永遠是不變的每秒30萬公里。一時間，使得科學家們束手無策，焦頭爛額！

　　就在這大旱望雲霓的時候，愛因斯坦發表了狹義相對論，簡直是一柱擎天，雖與爭鋒。狹義相對論敘述的是：空間是相對的，而且時間也是相對的。所謂空間是相對的，是說沒有一個靜止的空間可以為之標準，為之對照，用來測量物體的速率與距離。現在我們知道地球自轉，也

繞著太陽公轉；而太陽更繞著銀河系中心公轉，宇宙中沒有任何一個星體是靜止的；所以空間是相對的，不難瞭解。而時間的相對性是說，處在同一參考空間的觀察者與被觀察者，其所經歷的時間也不是絕對的，而是相對的；隨著各人運動速率的快慢，而有所不同；速率越快，時間變得越慢（時慢或時間膨脹）。假如我們能以光速運動，我們經過的時間會變為零（靜止）。舉個例子，10歲雙胞胎的哥哥，以光速飛到50光年外的太陽系來回，回到地球時，雙胞胎弟弟已是110歲的老人，而哥哥依然還是10歲的小孩。

就這樣以各個不同的運動速率，沒有任何一個星體是靜止的，而時間的經過也因著運動速率的不同而有差別。如此常識裡所珍視時間和空間的絕對性隨之喪失；時空相對，沒有一樣是恆常穩定的，這叫我們要依循什麼而活下去呢？舉步唯艱！

別急，別急！愛因斯坦有留下錦囊妙計，狹義相對論的原理以物理學口吻是這樣陳述的，以等速運動的參考座標系裡，物理定律都是同樣適用的。我們知道等速運動會形成一種慣性，就像在等速的飛機上，我們會覺得飛機是靜止的；也是因為慣性，我們不會察覺到地球以非常驚人的速度在等速地自轉、公轉；而所謂物理定律都是相同的，是說在慣性參考座標系的時空中，對所有以等速運動

的觀察者而言，在空間和時間相對量的底層，會有一種客觀看似絕對的時空觀測值。就像我們同在地球上，假如以宇宙的尺度來鳥瞰地球的時候，我們會認知到地球的時空是相對的；但是因為地球等速運動所造成人的慣性，我們不會感覺到時空的相對性；我們會活在一種在相對中而呈現出絕對性的時空。

在這與相對時空逼視的時刻，不要忘了狹義相對論的基礎是：光速的不變性。還有光是電磁波，它不需要介質；在真空中，它永遠以每秒30萬公里的速度前行。

光與廣義相對論

愛因斯坦於1916年發表廣義相對論。廣義相對於狹義是因為狹義相對論只適用於等速運動的特定參考座標系，而廣義相對論則是要排除這項限制；切乎實際的說，廣義相對論是闡述有關重力的理論。

在物質層面來說，是重力造成空間的彎曲。例如地球為什麼是球體，表面如球面的彎曲，那是因為地球的質量所形成的重力造成的。飛機在天上直線的飛，也會因為地球的重力，而以一定的曲率繞著地球轉。接著要探究的是以能量量子形態存在的光，在通過重力場的時候，是否也會受到重力的影響，而走一條彎曲的路線？因為光子那麼

小（沒有質量），速度又是神速：光速C；它活動的範圍和背景是整個宇宙，相較於宇宙，地球直如微塵，實在沒有辦法顯示出光與地球之間的重力。深切懷疑人類一直偵測不出找不到重力子的存在，可能也是因為地球太渺小的原故。所以只能借重於太陽，觀測在日全蝕的時候，太陽正背後很遙遠的地方，剛好一顆恆星發出來的光經過太陽重力場時，會不會走一條彎曲的路。因為正逢第一次世界大戰，再加上日全蝕時機難遇；直到大戰後1919年5月29日，才由英國科學家西瑟斯‧坦利‧愛丁頓爵士，在西非普林西比島觀測到光經過太陽重力場的時候，受到重力的影響，所走的路線會有些微的彎曲。

數十年後科學家接續著以廣義相對論證明重力會造成光的紅位移，在觀測星光時假如光源離我們遠去，因為距離互相拉長，所測得的光頻率會變慢，波長會變長，就叫紅位移。此處所謂光的重力紅位移，是因為重力使光前行的路徑彎曲，把原先的直線距離給變長了的緣故。還有重力也像速率一樣，會形成時間延遲（膨脹）效應；速度愈快，時間會過得愈慢（時慢），這是狹義相對論所揭示的時間相對性；而在地球我們知道重力會產生重力加速度，所以當物體通過重力場的時候速度加快，自然會造成時間變慢的結果。

時空是一體的

雖然廣義相對論敘述的是重力如何使空間彎曲，重力場內如何產生時間的延遲效應與光的重力紅位移；究其底卻是很清楚的指出一項時空的基本特性——時空是一體的（狹義相對論闡明的是時空的相對性）。從黑洞理論大師約翰・惠勒說過的一句名言：物質告訴空間如何彎曲，空間告訴物質如何運動，可以看出端倪；物質具質量，質量有重力，重力使空間彎曲。而時間的定義涉及運動，例如地球自轉一周是一天，光經過一光秒（30萬公里）的距離是一秒；如果我們能夠回到宇宙太初時間還沒有開始的時候（t=0），就更能一目了然的看出時空是一體的兩面。

現在為大家接受宇宙發生的模型是大霹靂，宇宙的起源來自於一次大爆炸，然後能量向四面八方擴散；這向十方的運動，便是時間的開端與經過。科學家推測幾乎與大霹靂無間的同時，宇宙發生了一次超光速的暴脹：在無限短的時間內，大約從一個原子大小膨脹到一個星系的大小；因為宇宙的暴脹使得脹落在宇宙各個角落的能量密度不一，造成溫度不均，再加上暴脹所產生不可思議加速度的重力波，使得星系恆星因為宇宙的暴脹與重力的影響，才能凝聚成形，爾後太陽系地球與生命才得以接續著發

生。就這樣在時間流動的過程中，空間與時間一體般的形成。

絕對的時空VS.相對的時空

時空是一體的考察是在廣義相對論的論述下，以大尺度宇宙的眼界，看宇宙的起源與演化，才得清楚明白；而狹義相對論所處理面對「等速運動特定參考座標系」的相對時空中，也有時空一體兩面的呈現方式。在馬克士威電磁學中所述，電流會造成電場，時變的電場會產生磁場，反過來時變的磁場也會產生電場；如此電場磁場永續的交互作用會結構出電磁場，而激發出電磁波（光）。電子的流動是時間，電磁場是空間；時空在此一體無分。

人類對於生命的探索與創造的過程中，所作一切不同類型的表達，也是時空一體又互為表裡的呈現，如空間的表達（以空間為外顯，時間為內含）：圖畫、易經八卦、象形文字；與時間的表達（以時間為表顯，空間為隱含）：聲音、語言（拼音文字）和音樂。易經八卦很顯然是一種空間的圖形表達，而將隨時間的流逝所引起的變化，在變爻變卦中顯現。音樂的樂音流洩於時光中，進入每一個人的內心，形成各式各樣想像的空間，時間與空間在音樂中很藝術的融為一體。

　　廣義相對論的時空與狹義相對論的時空，還是有一些序列層次上基本的差別，前者時間開始於大霹靂，時間的方向是宇宙大爆炸的方向，從內到外，從能量到質量的方向，也是從溫度高到溫度低，趨向熱力化學第二定律所說熵（entropy）值無限大且不可逆的方向。假如要度量廣義相對論的時空，就非光莫屬，例如以光年來表達宇宙的大小，一秒是光走過30萬公里的時間，而一秒的空間就是光一秒走過的距離。

　　狹義相對論的時間開始於特定參考座標系空間的形成與運動；以人為主體而言，時間開始於地球的運動，所以把地球自轉一次的時間訂為一天，把地球公轉太陽一周的經過當作一年，也是天經地義的事。至於人存在的空間，再怎麼有天大的本領，永遠都跳脫不了有限且特定的太陽系了。

　　至於狹義相對論時間進行的方向，我們不再能看出任何能量轉變成質量的現象；從宇宙整體的眼光來看太陽，時間的方向還是服膺熱力化學第二定律所謂（時間之箭）的方向是不可逆的，也就是說孕育與維持生命的外在世界，終將灰飛煙滅，趨於死寂。但是在屬人的世界裡面，不用借助於原子彈氫彈的爆炸，或是粒子加速器的高速粒子，來回轉時間從能量到質量的方向，也能夠溫和且不會產生輻射線的呈現出從質量到能量逆轉時間方向的情況：

那就是連續時變的電磁場（一種質量的時空），會產生出電磁波（光，能量）的現象。這一種電磁學稀鬆平常的現象，卻與人類意識的發生與心智有關，甚至蘊含著生命與靈魂永生的秘密。

光的運動與無垠的宇宙，相對於地球的運動與太陽系，前者廣義相對論的時空可以說是無限或是絕對的，而後者狹義相對論的時空便是有限且相對的；把兩者說成存在的時空VS.思考的時空也未嘗不可。

量子的弔詭

基督徒熱切的呼求：上帝啊！我不要在風聞中認識您，我要親眼見您。有關人存問題的解答，唯有透過親身經歷才有可能獲致生命真實的了解與澈底的解決。同樣的，要明白宇宙的無限與絕對，也只能像光那樣以光速遨遊太空，才得一窺宇宙的堂奧於萬一。

假如我們能以光速前進，那會是怎麼樣的經驗呢？愛因斯坦在狹義相對論中說，在等速運動特定參考座標系，被觀察者的速度加快時，時間會變慢；當速度加速到光速的時候，時間的經過會變為零。而以電磁場產生電磁波為對象的思考實驗，愛因斯坦思索如果他能夠像電磁波那樣以光速離開電磁場的話，他會看到什麼景象？答案是靜止

的電磁場。所以時間為零的意思，就是時間會靜止——相對的時空會隨之消失。

　　愛因斯坦當時可能也沒有意識到，他史無前例地以數學邏輯科學的方法，呈現出人類存在的終極矛盾：A不能同時是A與-A（非A），人不能同時處在無限的時空與相對的時空（天上的神國與地上的人間）。存在是絕對的存在，人所能夠的也只是對於存在進行一種屬人相對時空的表達過程，而表達不是存在本身。所以不管東方西方的古聖先賢在來到面對形而上世界的時候，都會嘗試表達那不能用一切人為的表達來表達的存在。但是現在已經是量子物理的時代，我們總不好還像2500年前的佛陀那樣，依舊拈花微笑，默然無語（佛陀用來示現不可以言說的涅槃）；也只好再次細看量子的三個弔詭，看看能不能從中瞥見一些存在的無限風光。

量子的弔詭之一：客觀的隨機性

　　我們都知道，日常生活所經驗質量巨觀的世界是遵守因果律的，每一件事情的發生都有其原因與條件，它之前從何而來，未來往那裡去，也是可以掌握的。但是在能量微觀的世界，量子（光）所具有的一種基本特性便是客觀的隨機性：當下在哪裡是因為客觀的或然率，既然現在是

偶然的存在，那麼過去或未來更是無從捉摸了。或許我們應該與人類宣稱自己能夠擁有的主觀隨機性做一個對比，才比較能瞭解客觀隨機性的意涵。有一首歌開頭這樣唱：只是在人群中，多看了妳一眼，——然後莫名其妙的就愛上了她——從此陷入孤單想念；想妳的時候，妳在天邊；想妳的時候，妳在眼前；……一下子在天邊，一下子在眼前，便是所謂的主觀隨機性。而對於佛陀十大稱號之一如來的描述，卻好似在敘述量子客觀的隨機性：首先如來者，無所從來，亦無所去；再者如來者，來而不來，去而不去；最後如來者，如來如去。

　　一個有強烈自我意識渴愛的人，與無諍隨順的佛陀，兩者所呈現的隨機性，表面上看起來好像是同一件事；究其底蘊，卻有天差地別的不同。理盲情痴的愛人，主觀上自認為他能夠自由操控隨機性，實情是他處在如夢般無意識的狀態，完全不清楚事發的原由與來龍去脈。而佛陀以一種無違無我全然意識的覺知，對於隨機性的事實，是任運自如的。說到這裡，如果客觀隨機性專利的擁有者量子有知的話，一定會抱怨：我是客觀隨機性的創造者，我也像佛陀那樣如來如去的！為何人類以如此美妙又言淺旨遠的形容詞形容佛陀，卻把我說成是一個充滿矛盾與弔詭的怪胎。不過量子如果知道聖經上這句話，不知道作何感想？上帝說：我就是光（量子）。

量子的弔詭之二：疊加（superposition）——千江有水千江月

在可見的物質世界中，顯而易見的是一個物體不是在這裡，就是在那裡；它只可能占有一個位置，不能同時在兩個地方。而量子的疊加是說以量子存在的光，它可以同時出現在兩個甚至無數個的地方。小時候我們也許問過，觀世音菩薩聞聲救苦，他如何能夠同時回應無數無量受苦的眾生？有智慧的長者會指著月亮說：「千江有水，千江月。」你看月亮懸掛在空中，有多少人可以同時看見月亮！「千里共嬋娟」雖然是一句詩意的文學表達，卻也真實地顯示量子疊加的現象。

以前的科學家為了探究光到底是粒子，還是一種波動，所做的光的雙縫實驗，雖然簡單，卻也能用來瞭解量子疊加發生的機轉與經過。實驗的設計是這樣：有一光源，將光射向一個不透明的屏障，上面相隔一段距離有兩個裂縫（或是兩個小洞），可以讓光通過；屏障後面適當的位置，放置一個可以感應光的螢幕。假如光是粒子的話，在螢幕上感光的明亮點應該落在對應於兩個縫的兩個點狀區塊；實際上光在螢幕上，卻形成一明一暗很規律的帶狀分布。

光源發出光時，光是以一種能量波動的方式前進；以

光源為頂點，向前擴散成圓錐體的能量場，越遠則圓錐體底部的圓形面積越大；到達屏障時圓形面積包含兩個裂縫，從屏障另外一面來看，則產生兩個不同的光源。同樣的道理，再形成兩個不同的圓錐體能量場；最後兩個圓錐體底部的圓形重疊在螢幕上。光與光在螢幕上重疊的時候，如果光波振動的方向相同（波峰對波峰、波谷對波谷），經由建設性干涉（constructive interference）則會強化光波，增加光的亮度；假如波峰與波谷相遇形成破壞性干涉（destructive interference），減弱了光的亮度；所以在螢幕上就很規律的顯現一明一暗的帶紋。

出自一個光源的量子，最後可以出現在無數的地方——量子疊加的現象顯然分明。我們進一步用太陽當作光源來思量量子疊加的現象，更能獲致如實的圖像：太陽是一個球體，它發射出的光，向四面八方而去，周遍全然，無所不在；好似一片無邊無際能量的大海，量子就像那海波浪一樣（不是水，是波浪）可以隨處現身。

在日常生活的世界是服從矛盾律的，一物不能同時在這裡，又在那裡。量子的疊加則是超越矛盾的。這不禁讓人想起，古時候的聖人為敘述存在絕對的真理，常用矛盾並舉的表達方法；例如老子在道德經中，以人德為本，將矛盾兩極在生命中一體無分別的呈現，以契合於道；如「知其雄，守其雌；知其白，守其黑；知其榮，守其

辱……。」而佛教則同時面對二分的矛盾，再一併予以否定：如「不生不滅，不垢不淨；不常不斷，不來不去。」這些高深的哲理說的不就是量子的疊加嗎？

量子的弔詭之三：非地域性（No Locality）——一即一切，一切即一

　　在人的生活經驗中，有一種情況可以用來比擬地域性（locality），那就是「打在兒身，痛在娘心」；此事發生的要件是母子要同在現場，才會有同步的反應。而量子的非地域性是說，具有關聯性的兩「顆」量子，就算分隔千萬里遠，它們的舉止就像是單一實體般的一模一樣。

　　證明量子非地域性的實驗是這樣的：從同一個光源，向著相反方向發射光子；在相同距離的地方，各放置一樣的偏光器；後面緊跟著偵測光子的儀器，來證實波動有不同偏斜角度的光子有沒有通過偏光器；結果是距離非常遙遠的兩個光子，會很有默契地同時同步通過或不通過偏光器。當時的愛因斯坦對於量子非地域性的機制莫名所以，只說了假如兩個量子之間有什麼樣的訊息傳遞，一定是以光速進行的。後來在光的雙縫實驗中，科學家無意間附加的一個觀察，倒可以顯現出量子非地域性的端倪：物理學家在光子打在感光的螢幕上之前，好奇的窺視它；意外的

發現以波動前進的光，竟然都轉變成粒子；連帶的屬過去式光源與屏障之間的光，也都從波動的情形變為粒子的運動。我們要觀測光子的時候，必須對光子打光，光子受到光子的介入與干擾，它的反應便是從波動的形態改變為粒子；然後經由同一光源所形成的量子能量場的同感共振，可以回溯到過去，把光從波動轉換為粒子。這一種情況可以看出量子非地域性發生的機轉，也讓人聯想到「一即一切，一切即一」之存在哲學的形上辨證。

量子的能量場是以光速為度量，時間為零，沒有時間性的無限空間，無非是存在整體的象徵；而構成能量場單位的量子，就像個體生命的存在；量子非地域性的本質顯示出生命個體與存在整體不一不異的關係──影響單一量子，等同作用於相關聯的能量場。

科學家看到干預眼前的量子，可以讓它回到以前，改變曾經；因此有了這樣弔詭的推論：過去是未定的，過去可以被改變。無論如何我們是回不到從前，去改變歷史的；但是這樣的事實卻顯明出光速前進的量子世界的無時間性，其實就是沒有過去，沒有未來，只有現在；這不就像宗教神祕家所宣稱的：不思憶過去，不投射未來，當下瞬即，便是永恆的境界嗎？

從量子物理、宇宙學與形上學的觀點，細說靈魂

　　隨著天文、量子物理學界中許多石破驚天的發現，帶給人類對宇宙不同以往的洞見；與生物醫學的突飛猛進，造成對生命的了解與看法不同。要在現代社會，興起以前所熱中的唯心論或唯物論的理念論戰，已經不再可能了；但是要問當代人，到底人有沒有靈魂（體）（spiritual body），卻還是一件令人為難的事情。

　　人由內到外，由粗糙到精微，有七個體的分析：虛空體—宇宙體—靈魂體—精神體—思考體—感情體—肉身體，這和宇宙的發生、生命的誕生與人類意識的演化，有著非常令人驚奇的相符之處。而靈魂體的存在，就如宇宙的黑洞一樣，知道它在那裡，卻叫人無從捉摸。此外依照《西藏生死書》所言，死亡的時候，我們才有機會能夠短暫的經驗到靈魂。如此一來，提到靈魂時，就不禁會讓人聯想到死亡與黑洞雷同的地方：此番前去，如浴火鳳凰般，墜入無底深淵，粉身碎骨，永遠無法回頭。

　　現今雖然沒有辦法以實證的事實呈現靈魂，但是有些自然科學的知識，卻能把生命中存在的黑洞逼現出來，並

且以「假如沒有靈魂就沒有生命，則宇宙終歸一片死寂」為真的命題，證明人是有靈魂的。（數學邏輯：若p則q為真，那麼非q則非p也必為真。令p為「假如沒有靈魂」，q為「就沒有生命」，那麼「假如沒有靈魂，就沒有生命」的命題即為真，反過來的否定式：「凡生命必有靈魂」亦為真。）

2012年七月初，在科學家尋找了四十五年以後，歐洲核子研究組織（CERN）的科學家宣布：他們找到了有「上帝粒子」之稱的希格斯玻色子（Higgs boson）。仔細推敲英國物理學家希格斯有關「上帝粒子」存在的理論架構，我們似乎可以從中勾勒出靈魂的輪廓來。

太初的人類，像剛出生的嬰兒一樣沒有自我的概念，與大自然母親還處在一體無分的狀態。靈魂對他們而言，是不言而喻、不證自明的事，所以他們相信萬物有靈並崇拜多神，且不時想藉由祭祀儀式，希望能夠體會神人一體的狂喜；到了一神宗教確立的時候，不管是在《舊約聖經》神話故事的隱喻中，還是在新約直截了當、簡單明白的陳述裡，無非都在顯明當時的人類那種充滿能量，與靈偕行、與靈共舞的生命。

只是人已經來到量子時代，就好像亞當、夏娃偷吃了智慧的果實，被上帝趕出伊甸園。經過那麼長的時間，走過那麼遠的路了，我們還能夠回到原始人類嬰兒般無我天

真、如在天堂的日子嗎？來到這地步，我們也只能從現代科學如何把人帶到屬人生命的邊界開始，踏上這一趟探索靈魂屬天的奇幻旅程了。

宇宙的起源與演化

就像我們小時候會好奇地問爸媽：「我們從哪裡來？」還像以前的哲學家喜歡以邏輯思辨追索探問生命存在的發生項是什麼一樣，現代的物理學家總是鍥而不舍、孜孜不倦地想要知道宇宙的起源與演化，還有它未來會怎樣、宇宙有沒有終結的一天？當然這要等到愛因斯坦發表《相對論》，天文宇宙學獲得長足進步以後，才出現比較有科學根據的推測與理論。

1929年，美國天文學家哈伯在觀測別的星系的星光時，發現了紅位移的現象，因而證明各星系互相遠離，宇宙還一直在擴張中；由此逆推回去，科學家假設宇宙誕生於一次大爆炸（大霹靂），並於1964年發現了宇宙微波背景輻射（假如有大霹靂，宇宙向四面八方爆漲而去；經過約138億年以後，它降低到的溫度與所散發出的電磁波，就屬微波的波長。）而確立了大霹靂理論。

至於星系恆星的形成，科學家的解釋是：大霹靂以後，宇宙在不斷膨脹降溫之際，因為些微溫度的不平均與

差異，造成星雲的分布與密度不同。溫度能量高的地方，星雲的密度較大、重力較強，最後集結成恆星星系。（以太陽系為例：原先一整團的星塵在太陽系中央，引發核融合反應後形成太陽；至於與太陽距離不同的星塵，則因為環境條件的不同，而各自攏聚成不同的行星。）

說到「宇宙未來有沒有終結的一天」，物理學家的設想是這樣：大霹靂所引起的宇宙膨脹力量有時而盡，然後宇宙一直降溫到很低的均溫狀態，如熱力化學第二定律所言：宇宙會變成一片死寂，成為沒有生命且荒涼的地方；此時宇宙內所有物質之間形成的重力，會造成宇宙開始回縮，然後逆著時間的方向，要再一次回到大霹靂宇宙開始的時候。《最初三分鐘》與《最後三分鐘》正是當時物理學家所寫的，有關宇宙生死的美麗與哀愁之書。

在這節骨眼，假如上帝真如一些一神宗教的信徒所言，是具有位格的神，那麼他一定會這樣揶揄我們：「親愛的孩子，我創造如此浩瀚多嬌宇宙的奧祕，竟被你那麼簡單地歸結到：大霹靂、溫度差與重力三樣事情，這未免太小看我了！可以說你褻瀆神囉！」

黑暗能量與黑暗物質

在早期以大霹靂解釋宇宙起源的時候，天文學家這樣

假定：大爆炸所引起星系擴張的速度，會隨著時間而變慢；那麼離我們很遠很遠的星系，離開我們的速度比起近的星系應該會慢一點。但當時觀測的結果，卻是越遠的星系以越快的速度飛奔而去。1990年代，因為探測儀器的進步，科學家陸續發現，不管星系的遠近如何，它們都是以加速度互相遠離。爾後數十年間，宇宙學家為了解決這個矛盾，醞釀、建構出宇宙特性的理論——宇宙所謂matter-energy（物質—能量）的組成成分是：4.9%的正常物質（ordinary matter，日月星辰等一切我們可以看見、觀察到的宇宙）、26.8%的黑暗物質（dark matter，雖然看不見，但是可以間接推估它的存在，不但能產生重力，也與星系星球的集結生成有關係）與68.3%的黑暗能量（dark energy，一種充塞、穿透整個宇宙的能量與能量場），而正是星系之間的黑暗能量，提供了宇宙加速膨脹的力量。雖然這理論目前知道的證據遠遠比不知道的還少，但是至今還是為大家所接受。

而由於科學家觀測到銀河內有類似宇宙加速膨脹的矛盾現象，因此推測星系之內有大量的黑暗物質——銀河的中心質量密度大，形成的重力無窮大（可能是黑洞），其對距離近的恆星的吸引力，自然比距離遠的恆星大很多。且因為重力的關係，距離近的恆星繞著中心公轉的速度，應該要比遠的恆星快得多（依據可以觀測到的物質來計

算）；結果卻是兩者的速度相差不大！猜想是恆星之間，還存在有大量黑暗物質所貢獻的重力所造成。

就我們現在所處的光景，可以這樣描述宇宙：宇宙是一個無垠且充滿能量、能量場的海洋，而我們可見正常物質的世界，就好像海波浪，或水上浮漚那樣的生起幻滅。至於關宇宙的起源與演化，依時間的開始與順序可以得到如下的序列：

大霹靂←→（黑暗）能量←→正常的和黑暗的物質
←→星系恆星的產生←→生命的誕生

最後，在黑暗能量的世界中，有怎樣的嘉年華會正上演，甚至能量如何變成物質，我們也只能從英國物理學家布格斯（Higgs）有關布格斯玻色子（Higgs boson，上帝的粒子）存在的理論架構中，瞥見一些蛛絲馬跡。

基本粒子與上帝粒子

西元前的古希臘哲學家德謨克利特提出原子論，認為不可分割、不會毀滅的原子是物質組成的最小單位；但直到20世紀前期，人類才得以實驗證明原子的存在，並發現原子是由原子核與圍繞在原子核周圍的電子所構成；後來更進一步知道原子核是由不同數量的質子與中子所組成；

等到發明粒子加速器，能夠使粒子（質子）加速相撞進而裂解粒子（質子）後；才明瞭質子和中子是由更基本的粒子—夸克—所結合而成，連帶發現在夸克之間，發揮強互相作用力而使夸克捆綁在一起的基本粒子—膠子。

在這同時，不要忘了帶給人類無限驚喜與奧祕的光子（光的粒子）的存在。愛因斯坦在量子效應中提及：「環繞金屬原子核的電子層，在失去或獲得電子的時候，所造成的能量差，就是由光子作為媒介的。」例如金屬原子獲得電子的時候，會釋放出光子來帶走能量。

在這耳熟能詳的夸克、膠子、電子和光子……等等不同類別的粒子中，科學家原先希望能夠找到一種基本粒子——構成物質的最小最基本的單位——來解釋所有物質的構成；奈何宇宙美麗多嬌，眾多英雄好漢各領風騷，發現的基本粒子就有好幾十種。讓我們來看看當今高能粒子物理學，如何將基本粒子分成四類：

一、夸克：有六種。三個夸克結合成質子、中子，成對的夸克則成為介子。

二、輕子：有六種。此一系列的輕子，其性質與電子相似，電子即屬此類。

三、規範玻色子：在粒子之間起媒介作用，用來傳遞相互作用力的基本粒子。可以分成下列四種：

（一）傳遞引力（重力）相互作用的重力子（graviton）

牛頓的引力公式為：兩個物體間的引力，與質量的乘積成正比，而與距離的平方成反比；但現在的科學家認為：重力的來源是由重力子居間傳遞相互作用力而產生。至於重力子的性質為何，則是四種規範玻色子中唯一尚未被證實的粒子。愛因斯坦認為重力的傳播速度是真空中的光速，如此重力子的作用距離就可以無遠弗屆。我們也可以想像重力子形成一個重力場，就好像光子的特性，在又是粒子又是波動的實驗中，以光子形成量子場的方式來推敲，比較會有一種圖畫式思考且逼近真實的理解。

（二）傳遞電磁相互作用的光子（photon）

電（子）流會產生電場和磁場，是為電磁場（electromagnetic field）。電場和磁場會隨時交互影響，形成電磁波—是為光波（光子）。所以光子是傳遞和媒介電磁相互作用的基本粒子之敘述，就是愛因斯坦量子效應的理論，實際應用在物理上的事實陳述。

（三）傳遞弱相互作用（使原子衰變的相互作用）的W及　Z玻色子，共有三種。

此類基本粒子質量最大，所以攜帶不了很強的能量，相互作用的範圍也不大；不像光子只是能量，所以可以作用於無限遠的距離。

（四）傳遞強相互作用的膠子。

膠子是使夸克結合成中子、質子、介子…等等的基本

粒子，因為沒有質量，所以其交互作用力極強，它就是喜歡關連和聯結，作用的距離可以說是無間，甚至我們人都沒有辦法直接觀測到它的存在。

膠子與W及Z玻色子是基本粒子界中過猶不及的範例──不是能量過強，就是質量過大；電子（有質量，沒有大小）與光子（沒有質量，在光速行進中則具有質量的特性──經過大的重力場會走一條彎曲的路徑）則是不偏不倚、中庸的模範，帶給我們多彩多姿的物質世界，與充滿愛和溫暖的有情世界──生命的誕生與意識的發生其實都是電子與光子（能量）相互作用所產生的，當然不可忘了背後還有重力子的功勞。

上帝粒子不是神的粒子

四、希格斯玻色子（Higgs Boson）：即被媒體稱為上帝粒子的基本粒子。英國物理學家希格斯於1964年提出的理論是要說明基本粒子如何獲得質量：他先假定有一種遍布於宇宙的量子場──希格斯場（Higgs Field），當基本粒子通過希格斯場的時候，會與其中的能量（粒子）交互作用而獲得質量，同時產生希格斯玻色子；並以希格斯機制（Higgs mechanism）解釋為什麼有些基本粒子（如夸克、電子、W、Z玻色子）通過希格斯場時會獲得質量，

有些（如光子、膠子不具有質量）則不會與希格斯場相互作用。

　　希格斯玻色子之於希格斯場（希格斯機制），與光子之於電磁場（量子效應）有異曲同工之妙，只是前者比後者在宇宙生成、演化、能量高低的序列上，屬於較高能量那一端。而這也是為什麼科學家要等到歐洲核子研究組織（CERN）的大強子對撞機（LHC）於2008年9月建造完成並開始運轉以後，才能在2012年7月初步發現希格斯玻色子，並於隔年3月確定證實希格斯玻色子的存在。不過希格斯玻色子的發現，也只是證明希格斯的物理理論，倒還配不上上帝粒子之名，因為它還不是宇宙源起第一個起始的基本粒子。

來到上帝的面前

　　眾所周知，愛因斯坦發表相對論以後，在他最後的30年的歲月裡，全心致力於建構統一場理論（Unified Field Theory），試圖把四種交互作用力（重力、電磁交互作用、弱交互作用與強交互作用）統一起來，看看在宇宙更早期、更高能量的時候，這四種交互作用是不是來自同一種交互作用；也就是要用單一理論來統合廣義相對論（有關重力）與量子力學（有關電磁交互作用、弱交互作用與

強交互作用）。雖然愛因斯坦沒有成功，但後來的科學家並沒有就此打住，反而越過它，設想起萬有理論（Theory of Everything），嘗試用一個理論來解釋基本粒子的質量如何而來——直白地說，就是能量如何結構成質量。而現在最流行的超弦理論（Superstring theory）認為基本粒子的質量，是由一段段微小的一維（只有長度）能量線——弦（10^{-33}公分）——在十維（我們熟知的四維時空，再加6個捲曲而微細的額外維度）的時空中共振而成的。相較於以前的粒子模型——一切質量的形成，是由零維的點粒子所起始——超弦理論的基礎則屬於波動模型。

　　最後以數學來推演，卻發現要五種超弦理論才能圓滿解釋所有的情況，但科學家的信念當然是大統一理論只能有一種。所以後來理論物理學家構思出M理論（M Theory，M即Membrane，也可以是Mystery、Mother或Matrix），認為每一種超弦理論都是M理論的不同面向，試圖結合這五種超弦理論。相對於超弦理論地的十維時空，M理論的時空有十一維；最近英國物理學家霍金（Stephen Hawking）出版的《大設計（The Grand Design）》，就是以M理論為根據而推論人類的宇宙並非唯一，而是有很多個；但也有些物理學家對超弦理論在數學程式上的不完備不以為然，就是對M理論能如何完美地臆測宇宙的多重也興趣缺缺，再說其實現今人類的粒子加

速器也沒有辦法複製出宇宙早期高能量的狀態，來實驗測試這些理論的真假。

　　既然如此，科學家也只好再次歸類而擱置這些理論繼續往前走，來到存在第一因的發問—能量從何而來？這個問題與問宇宙起源的大霹靂如何產生是同樣的意思。就好似來到了黑洞事件水平的邊緣，或像站在面對無限、有限邊界的懸崖上。有史以來，西方科學家第一次像東方宗教神祕家那樣宣稱：「能量來自於虛空，宇宙的一切都是從無到有而開始的。」到了這個地步，是該讓我們回過頭來，重新面對與科學共源同出西方的本體論——一神宗教的上帝。

上帝VS. 靈魂

　　西方一神宗教中上帝的觀念，已成為他們文明精神的根源，也變成西方哲學探究存在起始項的本體論；但在科學至上的時代，宗教主觀且感性的陳述對科學家而言是無效的，因為不能以實驗來證明。如今物理學家一路走來，自己都已來到「一切來自於虛空」這種讓人不知如何是好的陳述，也是應該回顧過去神的觀念，看看在形上思辯上，能不能帶給我們嶄新的眼界。

　　當我們說：「上帝是造物主，宇宙萬物皆從他所出」

的時候，有兩種觀念要講明：一是「創造」的觀念—O→a（發生）；另一即「因果」的觀念—a→b→c→d……（關係）。很明顯的，上帝所涉及的是「創造」，所謂創造就是一物之存在造成完全不同的另一物生成；即「O」與「a」不屬同一類別、同一層次的存在；而「因果」的觀念則是因有一物a的存在，而有b、c、d……的形成，則a、b、c、d……均屬同類或同一層次。「因果」的a→b→c→d……成為無窮的關係連結；「創造」則是發生的觀念。從宇宙的生成到生命的誕生，一序列存在不同層次七個體的分類：虛空體←→宇宙體←→靈魂體←→精神體←→思考體←→感情體←→肉身體，其中虛空體到宇宙體，以及靈魂體到人的身心，分屬虛空到宇宙、能量到質量等不同層次的創造；而創造的發生邏輯有三種不同的表現法：空無性（虛空體）、整體性（宇宙體）及齊一性（靈魂體、生命個體a=a）與七個體的對比，可以讓我們更清楚西方神學的本體論與現代宇宙學和生命科學互相吻合的地方。

佛曰：「涅槃寂靜」，耶穌說：「上帝的國（神的國）」，前者著重存在的空無性（虛空體）；後者則呈現存在的整體性（宇宙體），兩者實是一體的兩面。

假如你信的話，可以再加上耶穌所顯示a=a個體存在的齊一性，如此基督教三位一體（上帝、靈、人子）之說也是可以通的。（另外兩大一神宗教—猶太教不承認耶穌是

彌賽亞；而穆斯林雖接受耶穌是先知，但認為用其他延伸性的表達來描述神，是褻瀆上帝，所以沒有三位一體的說法。）

熱力學第二定律

　　遠在原子時代來臨之前的十九世紀初期，雖然當時的數學還不能證明，但研究熱力學——關注功與熱關係的科學。熱：能量的一種形式；功：溫度不同的兩物體之間發生的作用。系統（宇宙中的每一件物體包括宇宙自身都是一個隔離系統）與外界交互作用所導致的效果，及任何非熱的交互作用也都是功——的科學家憑著理性冷靜的觀察，所獲致經驗定律的「熱力學第二定律」是這樣：任何孤立（隔離）系統的自發過程，永遠會使得該系統的熵值（entropy，是一個系統中不能做功的能量總數）增加；或言任一系統的自然傾向是從有序到混亂無序，則熵會隨著系統無序程度的增加而遞增，最後達到熱力學平衡，即最大熵值——死寂的終了狀態。

　　舉例來說：水分子在冰的狀態時，被固定在晶狀體的結構中最有次序了，其時熵為零；慢慢地，冰吸熱後變為液態水，水分子的運動變得比冰更混亂難預測，其時水分子所蘊含不能做功的能量——熵，便隨著水分子無序的程

度增加而遞增；等到水蒸發成氣體，水分子的亂度愈變愈高，到最後此隔離系統的熵就會到達最大值。此時水分子做功的能耐度也隨之趨近零，然後此系統就不可能再有自發性的變化發生，一切歸於沈寂，不再改變了。

有人把熱力學第二定律中有關熵的論述，形象化地譬喻成「時間之箭」，昭告著我們生命自發性發育生長過程的不可逆性，也就是反老返童的不可能，是以生命必然逝去。從熱力學的觀點來看，多彩多姿的生命與最終變成的一堆塵土之間，在熱能上的差距實在微不足道，所造成的差異卻有如雲泥之別。

黑洞是宇宙的靈魂

大霹靂發生以後，宇宙曾有一段暴脹的時期，由於其所造成的些微溫度差，才會有後來星系、太陽甚至是生命的生成。在以大霹靂理論解釋宇宙的起源與演化時，科學家以熱力學第二定律推演宇宙的未來：宇宙是一孤立（隔離）系統（宇宙是整個世界，在宇宙之外沒有別的系統可以跟它能量交互作用），當宇宙膨脹到最後，必然會達到四面八方溫度一樣（熱寂）的狀態，此時世界會變得一片荒涼，一切生命跟著消失；但是現在物理學家證實：宇宙還是向著十方加速膨脹而去，一時半刻也看不到老化就死

的跡象，生命之歌還到處此起彼落地唱著。

　　人類個體的生命符合熱力學第二定律所述，最終是塵歸塵、土歸土；但是人類整體的生命卻是生生不息、繁榮昌盛。究其原因，雖然科學不能證明，但我們好像能隱約感受到是不死的靈魂藉由投胎轉世，再次觸發生命的開始。這在人類複製羊的步驟上，有極具象徵性雷同的地方：複製羊的第一步，先取出卵子單套的染色體，再植入乳腺細胞雙套的染色體，然後科學家給予卵子電流刺激。如此卵子才會轉變成像受精卵那樣具有分裂分化的能力，並開始形成胚胎，走向生命成形的旅程。科學家靈機一動地神來一電（雖然效率不佳，試了217次才成功一次），彷彿是上帝吹拂的那一口氣，所到之處就有生命。

　　那麼在大尺度的世界——宇宙，是什麼扮演宇宙靈魂的角色，保證宇宙的生意盎然、永不衰竭呢？

　　人類初識黑洞的時候，懾服於它黑壓壓的深不見底，而激發出一些科學的想像，例如：黑洞是通往另一個宇宙的管道，或我們的宇宙就是一個黑洞等等。但最近科學家證明：黑洞其實並不那麼黑，它還是能夠噴射出能量；並認為宇宙中，沒有其他的物體能比黑洞更有效率地將質量轉變成能量；而且大小強弱不同的黑洞，會有不一樣的負載循環（吞噬大量物質，然後把能量以近乎光速的速度彈射到數萬光年以外的時間週期）；另外，星系中心存在的

是超大質量（數百萬個太陽大）的黑洞，是由它來決定該星系是屬年輕藍星系的螺旋星系或年老紅星系的橢圓星系。而在年輕與年老之間過渡的星系，則具有最高的黑洞負載循環，也就是生命最有可能發生的星系。

黑洞能夠回轉從能量到質量——時間之箭——的不可逆性；並在生命誕生的過程中，扮演上帝那口氣的關鍵角色。如此看來，宇宙的靈魂捨黑洞其誰！

天堂在我們內心最深處

西方文化的科學精神以理性著稱，面對生命外在的一切，善以數學邏輯架構出方法與模型，來達成對於對象物的了解與掌握，並因此形成一個與生命疏離的龐大知識系統；而東方的文化傳統（東方、西方在此不是地域之別，而是本質的描述）則著重在生命人存的體驗，一切外向展現的知識，莫不是為了生命內向的回歸與整體的理解，以達到生命澈底解決的地步。

東西方以此不同的進路，對於存在本體的發問與追尋，所造成的成果與敘述看似南轅北轍，實際上卻是殊途同歸。對於生命的誕生與宇宙的起源，西方由內到外把它推演到發生於無限遠處、虛空中的大霹靂；而東方的聖人卻認為一切生命的存在，從外到內、從粗糙到精微，可以

解析成七個體——肉身體←→感情體←→思考體←→精神體←→靈魂體←→宇宙體←→虛空體。所以假如西方說：神的國不知道在哪裡，只知道在無窮的穹蒼之中；那麼東方就會宣稱：天堂就在我們內心的最深處。

如何經歷神，成為有靈性的人

佛陀在三法印中，揭櫫涅槃寂靜（另外二法印為諸行無常、諸法無我）是生命追求最終極的目標與境界。在佛陀即將圓寂入涅槃之際，一位未解脫的弟子急切地把握住最後一次請教佛陀的機會：「老師，您所說的涅槃是什麼？而您死後是要往哪裡去？」佛陀只以「像蠟燭的火熄滅了」比喻什麼是涅槃，然後沒再多說一句話。

有關生命宇宙不同層次的七個體分類，是脫胎於古印度生命科學中，瑜伽對於生命存在的看法，其中的虛空體原來就叫涅槃體。瑜伽是印度古老傳統的重要組成部分，也是佛陀出生成長的文化背景，佛陀的教法自然會融入瑜伽的智慧與觀點，所以合理地推測：佛陀的涅槃寂靜指的正是涅槃體。

七個體的分類與現代量子宇宙物理學相對照，有極其契合的地方。再參考佛教經典所描述的宇宙論，我們可以很肯定地說：二千五百年前的佛陀已經能夠像愛因斯坦一

般，以宇宙的眼光看宇宙；更有甚者，在宇宙之外觀看宇宙。所以他才能明白指出虛空是存在的起始項，就像現代的宇宙學家認為誕生宇宙的大霹靂來自於虛空。物理學家在想像大霹靂的情況時，有這樣的看法：在大霹靂開始之時，處在一種不可思議高溫的電融狀態，其時一切物理的定律、法則或規律是不存在的。但假如你要再探問那產生大霹靂的虛空，佛陀能說什麼嗎？也難怪佛陀對於有沒有上帝造物主這類有關存在本體的問題時，總是默然無語⋯⋯。

人不是因著語言文字、行為造作而得以進入神的國，是日積月累、持之以恆地一點一滴體驗活生生的靈魂，才在不經意間，在那麼些片刻讓我們瞥見了神國，經歷了神的同在。至於什麼是活的靈，如何才是屬靈的呢？現代實驗心理學家為了量化各種動物的靈性指數來與人類比較，對於什麼是「靈性的（soulful）」有這樣的定義：從動物的認知行為與數學的演算能力，來考察牠們是否能夠推敲明白背後的原理與邏輯。不僅知其然、更要能知其所以然；推演到人身上，「靈性的」就是能夠內觀了知身心一切的感知與作用。就像肉身體管植物性的感受，感情體是動物性的情感中樞那樣，而使人能夠自我覺知與觀照則是靈魂的功用，其中有兩個關鍵性的特點需要講明一向內看與不可論斷。

　　人假如一味地向外看，我們將永遠以自己的身心看向世界；而向內看自己的時候，因為自身看不到自身，久而久之那種內觀就會變成靈性的照明與了知。但在這觀看的過程中，假如對於身心的現象加以揀擇與判斷的話，我們又會慣性地陷入不知伊於胡底的身心作用，而不是處在靈性的世界中。

　　人的意識與人格的建構，是身心從出生以來，經過家庭環境與社會傳統的制約所形塑的；而在靈性的追求過程中，所謂對身心就只警醒、簡單地看，讓身體的歸身體、感性的歸感性、理智的歸理智，而不會引起絲毫的貪愛與嗔恚，我們是要怎樣地清楚了整個人類的文化歷史、社會傳統，在我們身心的積澱與影響以後，才能跳脫身心所受的糾纏與捆綁，而能單純地內觀自己的身心呢？

　　無止息的身心作用正是生命存在的現象，所以覺知觀照身心的靈性操練，只要我們還活著，不管是走路、站立、坐著或躺下，是醒著甚或是睡覺，都應當無時無刻不忘；一直到生命終了、身心滅盡時，才終止靈性覺知的作用。屆時，才會知道我們究竟回到了天堂沒有。只是都沒了身心，是哪個我進入神的國？又是誰體證了涅槃呢？

從中陰身的觀點揭開死亡的奧祕
——在神經精神醫學的基礎上

　　年輕的時候，有大把的青春可以揮霍，要追求理想，美麗的愛情還待憧憬；當時不管有多少個病人在自己手中逝去，死亡的陰影從來不會籠罩心頭。後來不知不覺的，歲月溜過了更年期，也遭遇過一生中與自己有親密連結的人逝世，才驚覺到死亡是跟自己密切相關的。到現在邁向老年期，年復一年，漸漸的感受到肉體與心腸的衰弱；令人不得不覺悟到生命的喪鐘終有一天會敲在自己的身上。是該勇敢探究與面對死亡的奧祕與真面目的時候了。

　　讓我們以西藏度亡經中陰身的觀點為藍本，來追索死亡的真相。為了賦予中世紀蓮花生大士所描寫死亡中陰的經過，以現代生物學科學實證的基礎，我們還是從與神經精神醫學非常契合的，人有五體的分析開始說起。

人有五個體

　　由外到內，從粗糙到精微，人有五個體：肉身體

（physical body）、情感體（emotional body）、思考體（thinking body）、精神體（mental body）與靈魂體（spiritual body），前四體可以從腦神經的構造找到對應的生物生理的基礎。我們人就是要把這四體鍛鍊到極致與和諧的地步，有一天，在不經意的片刻我們會作一種量子跳躍（quantum leap）而經歷到靈性體。

以前的哲學家說：自有人類以來，不管你是有知還是無知，俯仰於天地之間，於人世間從事一切，在在都透顯出亙古以來苦心追索的兩大疑問：生命到底是什麼？而生命所寄託的宇宙又是什麼？

在今天量子物理與天文宇宙學那麼發達的年代，澳洲的一位物理學家倒是以當今物理學的理論與發現，把宇宙的發生與演化到生命的出現與人類意識的產生，解析成能量大小與溫度高低不同的層次，層層相屬迭進，一以貫之：

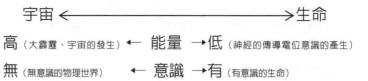

那頭是不可思議高能量的大霹靂，眼下是隨處可以感覺到幾個微伏特神經傳導電位的變化；這樣隨著溫度的改

變，無意識的物的世界就很玄妙地變化出生命的意識來。

說到底人有七個體

一如從宇宙創生的大霹靂到生命意識的發生，人從外在粗糙的身體到內在最精微的存在，其實應該說有七個體：虛空體→宇宙體（cosmic body）→靈魂體（spiritual body）→精神體（mental body）→思考體（thinking body）→感情體（emotional body）→肉身體（physical body）。

肉身體：應該包含支撐與維繫肉身體的植物性中樞神經系統，與一般所說的植物人狀況等同。

感情體（人的感性）：在植物性中樞之上，人腦有一個所謂的情感中樞，負責對於肉身體的植物性感受，生起屬人的感性作用。說它是動物性中樞也未嘗不可，因為動物也有情感中樞，雖然它的感性不及人類的繁複與精細。

思考體（人的理性與邏輯思辨能力）：在人腦額葉的後端，動物就沒有思考體的存在。某些動物也許也有些許的思考，未知。

精神體〔人的直覺，超感覺知（心電感應）的能力〕：在人腦額葉的前面，還等待人類進一步的探索與發展。

　靈魂體：說到靈魂體，會讓人想起愛因斯坦；大家已經把相對論與愛因斯坦相聯在一起，我們也知道愛因斯坦得過諾貝爾物理獎，卻不是因為相對論的發現，而是獎勵他在量子物理學上的貢獻。（內行人說諾貝爾獎的委員們不好因為相對論的關係，頒給愛因斯坦諾貝爾獎，深怕以後那些諾貝爾物理獎的得主與愛因斯坦比較會相形失色不少。）

　愛因斯坦因為提出量子效應的理論，後經實驗證實而得到諾貝爾獎。量子效應是這樣說的：把量子（光子）打在金屬表面，量子會被圍繞在原子外面的電子層所吸收，所吸收的能量會把電子層所具有的能階等量提高；如果量子具有的能量（與頻率有關，頻率越高，能量越高，例如紫外線的頻率就高於紅外線。）等於最外一層能階的一個電子逸出原子的能量，那麼這個電子會脫離受原子核引力牽引的電子層而去。隨後如果電子層被激活的能階回復原先的狀態，或者再捕捉到一個電子，那麼電子層就會釋放出量子來。

　處理微觀物理現象的量子效應，雖然不若與大尺度天文宇宙有關的相對論，那樣來得宏偉壯麗充滿驚奇；其實也只有愛因斯坦那樣天才的直覺，才能如眼親見地說出量子的效應。

　電子好像太陽系的行星，在不同能階的軌道上圍繞著

太陽。但是其連續瞬間的存在，卻只能以或然率而呈現出電子雲那般的不確定，不像太陽系行星的行蹤瞭瞭可明；然後量子與電子之間，也沒有可以想見的物理或化學變化，愛因斯坦竟能想像出量子忽焉在電子層中，忽焉在電子層外的效應來。就好像說一個小行星闖入太陽系中來，會影響各個行星軌道的能階，甚至把冥王星打出太陽系，這在巨觀的世界中實屬不可能。量子效應其實也預告著，以後發現的量子的弔詭性。

靈魂體不知是在我們身體內，或者是在我們身體外，還是像充滿弔詭性的量子，它可以同時在我們身體內與身體外。既然我們不是覺醒的聖人，可以體認活生生的靈魂體，也只能從風聞中，稍稍窺探靈魂體的訊息。

首先不禁讓人想起聖經上神如何造人的那段話：上帝用泥土捏塑了人形，然後向著它吹一口氣，它就變成了一個活人來。雖然是一則神話，但是其隱喻的意義，卻很如實地表達了生命的真相；上帝的一口氣就是那靈魂體，它賦予了人類身心（肉身體加感情體加思考體加精神體）活的生命。人沒有了靈魂體，就沒有生命，身心直如塵土一般。

幾十年前，醫學上對於有瀕死經驗病人的研究，發現大部分的當事人都會陳述；當身體處於死亡的狀態，他們經歷了好像有一個靈魂體離開肉身，以第三者的身分在上

面平靜地看著整個急救的過程；一直到活過來，靈體的體驗消失為止。而有這樣經驗的人，都很肯定的說，下次面臨真正大限的到來，他們將毫不懼怕。

聽說佛陀對於新進的弟子，第一件要教導的事情是指派他們到恆河旁邊露天的火葬場，為時六個月，直視觀看死屍如何在猛烈的柴火中化為灰燼；接著的第二件功課是教他們如何進入累世輪迴的記憶。這教法倒蠻科學的，就是要弟子的心思念頭完全由外向轉向自己腦子裡面，三世輪迴的經歷就像電腦資料一樣，儲存在人腦的硬體裡；不經意間，就會不小心進入瀏覽到其中的訊息；當然要有一個有經驗的師父，像催眠師導引被催眠者那樣，以免弟子在重歷前世的情景時，失去了警覺心，陷溺其中，不能自拔而不知所終。

《聖經》告訴我們，人如何由泥土變成活的生命；而佛陀反過來，要我們親眼目睹活的生命如何變回泥土。然後再教你前世今生是怎樣由靈魂體的驅動，而幻化成世世不同的身心。

說到輪迴轉世與其所顯示靈魂體的存在，蓮華生大士所寫的《西藏度亡經》（中陰得度）是一定要深究的經典作品。蓮華生大士是印度高僧，在八世紀受藏王赤松德真的邀請入藏，是藏傳佛教的鼻祖。當時印度佛教的發展到了密宗的年代，所以藏傳佛教就成為密教的傳承。就如小

乘佛教之於東南亞國家，或者是大乘佛教之於中國，看起來好像是歷史的偶然，不過勿寧是個別的生態環境、文化傳統與社會文明，對於佛教在不同時空中的演進，有其各別不同的相應與契合。

所謂中陰（中有）是人在死亡之後，到投胎轉世之前的中間存在狀態。（中陰聞教得度）《西藏度亡經》敘述的便是人在臨終之前、之後到投生之前的這一段過渡期間，如何在生前皈依師父的教導指引之下走向解脫的境地，不再受輪迴之苦。

死後的中陰可以分為三個階段：1.臨終中陰，2.實相中陰，3.投生中陰。

在進入中陰身實存經驗的詳細描述之前，有必要把一些說明生命真相的知識系統與《西藏生死書》作一比較；如此越過文字名相的障礙與制約，才能對存在的真理做更進一步的直接面對與不同角度的理解：

靈魂體	←→（精神體←→思考體←→感情體）←→	肉身體
靈	←→ 心 ←→	身
明光（淨幻身）	←→ 意識身 ←→	肉身
臨終中陰	←→ 實相中陰 ←→	投生中陰

藏傳佛教有把靈魂體稱作偉大的明光、根本的明光的習慣，中國佛教淨土宗的阿彌陀佛即是無量光佛的意思。

在有瀕死經驗個案的陳述中，大部分說到他們看見光。

實相中陰的「實相」，在佛教經典的論述，一般是指涉靈魂體層次以上存在的本質；《西藏生死書》用實相中陰這個詞，與其所敘述的中陰歷程，實在是有一點不相當，是不是翻譯的關係，持保留態度。

臨終中陰

一生中最令人害怕恐懼、茫然迷惘到莫可名狀的時刻終將到來：死亡。它是我們認為黑暗難行的幽谷，還是生命中值得歡慶的高峰呢？讓我們來看《西藏生死書》怎麼說，然後再以不同的生命知識合理地推測它，看看在文字敘述的背後，到底是一種怎樣的存在經驗。

臨終中陰：死亡的時候，人停止呼吸心跳，此刻外息（呼吸）停止，生命之風（內息、生命的能量）匯聚在身體的心窩處（中脈）；依附肉身體的意識體（感情體+思考體+精神體）暫時還沒脫離肉身，人處在一種無意識狀態；此時根本明光（第一明光）以一種無比光輝明亮的光芒顯現。從死亡到根本明光的顯現，一般人大約要經過一頓飯的時間。匯聚在中脈的生命的能量，即是我們屬人個體的靈魂體；假如我們的靈魂體能夠看見根本明光，認出明光，與明光融合為一體，即時獲得解脫，避免了再投生的

輪迴。在此，根本的明光就是存在整體的靈魂體，說它是神的國也是可以的；回到神的國就好像一滴小水滴，或是一個小波浪，消失在大海中與大海一體無分。

臨終中陰第二階段：在臨終中陰第一階段，根本明光光輝顯明的時候，如果臨終者能夠以覺醒的靈領悟明光，浴火重生般勇敢地與第一明光融合，那麼他將獲得解脫。如果因為害怕或者靈魂體是睡著的，而無法體認出第一明光；然後依照個人生前善或惡的業力，匯聚在中脈的生命之風（靈魂體），會經由相對應的一個穴道逸出；同時死者的意識體幾乎脫離身體，而成為淨幻身。此時往生者的靈魂體處在根本明光與淨幻身之間，將能看見第二明光（續發明光）。

從死亡到看見第二明光，一般人要經歷的時間大約是三天半到四天。所謂的第二明光，其實還是根本明光的顯現；只是主人翁的靈魂體一而再再而三的錯過第一明光，更在淨幻身的慣性牽引之下，亡者靈魂體能量強度逐漸減弱，此時所感受到的便是根本明光亮度較弱的第二次顯現。

從西方有瀕死經驗個案的描述中，常說看到耶穌的出現，應該也是在這個時候。然後病人沒有跟著耶穌通過長長的隧道，一無反顧的走進彼岸光輝無比的神國；反而是靈魂體沒入意識身再回到身體來，人又回魂活過來了。同

樣的情況，假如死者能夠體認出第二明光，並與之融合為一，即時能夠獲得解脫，不再受生死輪迴之苦。臨終者因為受到對淨幻身執取貪愛習性的影響，將一如從前那樣的再度錯過第二明光；背對著令人害怕不敢逼視的強烈明光，趣向令人感到柔和舒適的淨幻身。然後淨幻身（意識體的嬰兒未孩期）逐漸演變形成意識體，從此臨終者進入實相中陰，靈魂體隱沒。

實相中陰

一般人停止呼吸三天半到四天以後，是實相中陰的開始，持續有十四天的時間。（台灣習俗所謂做七的頭七與二七）。

此時肉身已經開始腐壞，意識體完全脫離肉體；業力作用（生前執取貪愛的習性形成的個性傾向）開始起動，靈魂體隱而不見（睡著了）；所以臨終者看不見明光了，只能看見業力幻影。

在十四天的實相中陰過程中所顯現的中陰幻影，讓人能夠經歷112位神祇，伴隨各種光芒顏色與聲響。綜觀之，第一天出現的神祇層次最高，依序到第14天，每天所顯現神祇的國土境界就越來越低了。

前七天，每一天亡靈有三個選擇：第一，解脫到達相

對應善的佛國淨土；第二，落入六道輪迴（六道、六天，再加第一天的佛國淨土，一共七天）；第三，繼續遊離進入下一天的考驗。後七天，就只有第一與第三的選擇，沒有六道輪迴可去。

在實相中陰中，假如意識體無法體認，投生到善的國度去，往生者則進入投生中陰；準備投胎，選擇未來的生命。

實相中陰，可以說是意識體在死亡中陰遊盪的過程，其顯現的神祇與其對應的善的淨土，可能只是意識體所反映投射出來的幻影；再說，不同的文化傳統所顯現的中陰幻相的內容也會有所不同。此處見到的神祇們，應該是屬於古印度的神話系統所有。再者實相中陰，實在相當於我們睡著時的睡夢中陰，種種的一切無非是夢一場。而所謂層次境界高低不同的國土，都可以體現在人活著的一生：有的人活在地上，猶如活在天上；有的人，卻好似在地獄裡受苦。

投生中陰

在臨終中陰時，主人翁的靈魂體甦醒，經歷了根本明光（存在整體的靈魂體、神、神的國）、續發明光的顯明，而未能認證得到解脫。隨後靈魂體隱沒不見，意識體

（意識身、意生身、精神體思考體與感情體的綜合）接著經過實相中陰的歷程，來到投生中陰。

意識體不管是精神體、思考體還是感情體，都深具前世業力的習氣，自然會產生一種重新獲得肉身的慾望；這個慾望之身乃是中陰境中意識體的幻影，故名慾生身。在投生中陰的過程中，意識體可以幻現得到前身與後身（將要投生的身體）；只是在投生中陰的初期，前身顯明，後身顯得晦暗；到後期或投生前夕，則前身晦暗甚至消失，待生之身則明白的顯現。

在此，慾生身具備所有的感覺官能，因為沒有粗質肉身的限圍，所以可以無所障碍的通行，並且具有奇妙的神通能力；而在心意集中的時候，還可以感知看到同類性質的眾生。

這樣描述慾生身的神通廣大，可能會覺得匪夷所思；其實慾生身與我們生前在夢中所見的軀體沒有兩樣，夢中的我們不是也可以穿山越嶺了無阻隔，超感覺知與瞬間到達樣樣都行。

雖然指導亡者的師父，一路在死亡中陰的道上，諄諄慈悲引導，護佑死者；希望他能夠得到解脫，得至神的國，或是得到較好的投生。人大抵還是依著自己累世的業習所趨，再度沒有覺知的投胎轉世。

然後男嬰會選擇有喜愛情感傾向的母親，而妒忌甚至

痛恨父親；女嬰則有傾向父親的情感，而排斥母親。這在佛洛伊德的精神分析中，為說明戀母情結（伊底帕斯情結）所引用的希臘神話故事裡面，有極精采與詳細的描繪。

睡夢中陰

「睡覺是短暫的死亡，死亡是長時間的睡覺」，不用說賢聖就連白丁，也都能隱約覺知到睡覺是死亡的暗喻。而在生命的過程中，我們所能經歷的中陰：

死亡中陰：（臨終中陰、實相中陰、投生中陰）

生處中陰：這一生處於兩次死亡之間

禪定中陰：入定與出定之間

睡夢中陰：入睡與醒來之間

其中死亡中陰與睡夢中陰，所經過的軌跡與內容；簡直是如出一轍、一模一樣。

讓我們以神經精神醫學對睡眠的研究，所獲得的科學實證為基礎，來類比睡夢中陰與死亡中陰，看看能不能令我們從死亡的幻夢中醒來；他日死神來臨時，也好毫不懼怕，安然地付之一笑。

1920年代，德國精神科醫師漢斯柏格（Hans Berger）

發展出腦波儀（electroencephalogram, EEG-brainwaves）；腦波儀於1930年代以後，在癲癇症的了解與診斷上慢慢成為重要的利器。

但是對於睡眠與作夢這方面的研究，神經精神科醫師卻沒有因為腦波儀而有更進一步的發現；雖然相對於當時佛洛伊德精神分析學派的方法，腦波儀可以說是踏出科學實證的一小步。

直到1953年，尤金・阿舍林斯基醫師（Dr. Eugene Aserinsky）發現睡眠中，有快速動眼的現象（REM, rapid-eye-movement）；快速動眼期是人在作夢的時候，顯現出眼球在眼皮下猛衝打轉。後來把正常的睡眠分為REM睡眠期與Non-REM睡眠期，慢慢地在腦波的輔助與佐證之下，睡眠有如下深淺不同時期的區分：

醒著→1.淺睡眠（light sleep）→2.真正的睡眠（true sleep）→3.深睡眠（deep sleep）→4.深睡眠（deep sleep），然後回轉到淺睡眠，快速動眼期（REM、作夢期）接著發生，這樣為一個週期。下一個週期，再以1→2→3→4開始；一個晚上的睡覺，大概有5到6個如此的週期。

初始睡覺的週期，比較會出現深睡眠：1→2→3→4；到了下半夜，尤其是將醒未醒之際，常常還不到深睡眠，就回轉到淺睡眠，接著快速動眼期的發生：

如1→2→3→2→（1）→REM→1→2，或1→2→（1）
→REM→1→2。

　　睡眠從清醒進入淺睡眠（1），經過真正的睡眠
（2），到達深睡眠（3、4），與快速動眼期（REM）發
生的過程中，腦波有如下的變化：

階段	腦波的頻率	腦波振幅的大小
清醒	8~25赫茲	低
1	6~8赫茲	低
2	4~7赫茲	中 非經常性出現的睡眠紡錘波與K複合波
3	1~3赫茲	高
4	小於2赫茲	高
REM	大於10赫茲	低

　　腦波與心電圖一樣（心臟有一套節律心跳的神經系
統），都是偵測記錄神經元之間傳導電位的變化；只是腦
部神經元數目之多（有如天上的星星那麼多），與多層
次、全方位互相聯結所形成如宇宙般繁複的網路結構，再
加上頭蓋骨的隔離，在頭皮上所測得的腦波，在一定的範
圍之內，只是計較腦波頻率的多寡，可以忽視腦波振幅的

大小；反而要留意一些特定波形的出現，如在正常睡眠
（2）出現的睡眠紡錘波等等。當然在癲癇大發作的時候，
腦部全體放電火力全開之下，腦波振幅之大是十分驚人
的。

在腦波頻率的分類，與其相對應身體與意識的狀態；
有如下的看法：

分類	腦波的頻率	身體與意識的狀態
β波	14赫茲	意識清醒，生命因為存在的奮鬥與承擔，身體逐漸呈緊張狀態。
α波	8-13赫茲	意識清醒，身體放鬆，在意識與潛意識之間。
θ波	4-8赫茲	意識中斷，身體深沉放鬆，入定，高層次的精神狀態。
δ波	0.4-4赫茲	深度熟睡，無意識狀態。

深淺的睡眠與快速動眼期（作夢），所顯示不同
頻率的腦波，與各類不同頻率的腦波所對應的身體意識狀
態，有若合符節的地方。而所謂睡覺是死亡的暗喻，即在
於深度睡眠（3、4）的腦波頻率（1-3赫茲或小於2赫
茲），與δ波（0.4-4赫茲）相當；可以這樣認為，睡
覺的主人翁在深度睡眠的時候，可以不經意、沒有覺知地

在極短暫的時間之下，呈現一種無意識的狀態；而這種無意識狀態，不就是死亡時，肉身體不再能支撐維持意識身（感覺體，思考體，精神體）時，臨終中陰所處的一種無意識狀態嗎？而此時根本明光（第一明光，存在整體的靈魂體）顯現，再來個體的靈魂體逸出，相映於根本明光所呈現的即是續發明光（第二明光）；所以說，睡覺雖然是死亡的隱喻，在深度睡眠無意識的狀態中，卻也是我們與神同在的時候。只是我們不是在清醒覺知的狀態下，經歷神的國。

合理的推測，深度睡眠還是與臨終中陰有一點根本上的不相同：那就是深度睡眠雖然可以達到近似死亡時無感官意識的狀態，畢竟身心靈三者還能和諧為一體的支撐生命，個人的靈魂體無虞會跳出肉身體；所以臨終中陰的根本明光與續發明光應該無從體驗。

這也不禁讓我想起，瀕死經驗與開刀全身麻醉之間的差別。當我讀過瀕死經驗的訪視調查報告以後，每次遇到有全身麻醉經驗的朋友，總會好奇的詢問他們，有沒有看見什麼呀？（看見光、耶穌、佛、菩薩等等）答案都是否定的。直到三年前，自己的眼睛要開刀，知道此番手術不會有死人的危險性，最多只是一個眼睛瞎了；心理建設完畢以後，也就好整以暇的迎接全身麻醉。

心裡打定主意、不可驚慌失措、放鬆心情，學習蘇格

拉底喝毒藥以後，依然警醒的看著身體知覺的變化。聽說他在完全失去意識的當下，體悟到有獨立於感官意識，而能覺知感官意識的意識存在（在人有五體的分類中，這意識就是靈魂體）。也許是古代的毒藥不可與現今的麻藥同日而語，我在安上麻藥以後，依著醫令數數，還沒數到六，就完全不省人事，什麼光也沒看到；也沒看見另一個自己，在上頭看著手術的進行。

待我恢復知覺，主觀覺得只過了一瞬眼的功夫，並很留意的隨觀意識的變化，後來得知我失去知覺有三小時之久，簡直欣喜欲狂，因為我經歷了三小時的時間，卻恍如剎那時間的相對性。雖然沒有體驗到靈魂體的逸出，不過如理推想死亡應該像麻醉那樣，一下子就失去知覺，一點痛苦也沒有，實在沒什麼好怕的；也像進入深睡眠一樣，一覺醒來，就是嬰兒一樣地，生命又充滿無限活力。

拜佛洛伊德的精神分析與夢的解析之賜，現在大家都知道，作夢是潛意識在睡覺時免去顯意識的遮蔽與壓制以後的激烈活動；而在睡眠過程所測得的腦波，與腦波頻率相對應的意識狀態中，提到潛意識與無意識；實在讓人不得不想檢視佛洛伊德分析學派對於人的意識的解析，到底與睡夢中陰或死亡中陰，有沒有任何可以互相發明的事實。

佛洛伊德首先提出潛意識之說，榮格繼之以集體潛意

識；到如今可以以如下的層次表示：

顯意識（包含感官意識與因之而來可以被感知的意識）⟷

潛意識、集體潛意識⟷**集體無意識**

　　我們跳脫榮格艱澀難懂的解說，嘗試以現代的眼光來看它；首先應該先打破意識與潛意識固定而僵化的分界，佛洛伊德認為顯意識層面有若浮在水面冰山之一角（10%？），其餘在水面下的即是潛意識。現在勿寧認為意識與潛意識的分野，可以是動態與隨機的。意識只有一整個，可以被覺知的部分就叫顯意識；當下茫然不被覺知的便是潛意識。每一次處理不同的感受、感情、情緒與思考，而架構成的顯意識，會因每一次感官意識的不同而相異。除去作用中的顯意識，剩下的不被意識到的意識，便是潛意識。而所謂個體的整個意識，則是我們從出生到目前所有的體驗與經歷，所建構而成的。

　　每一個人的意識、潛意識在半夢半醒間，上演著世間的悲喜劇的時候，是語言文字提供它們演出的舞台；而其背後所形塑的社會文化，所積累的歷史傳統，都成為舞台的背景，生命戲碼的隱含與底蘊。也就是說生活在各個不同文化傳統的人，其所使用的語言文字，所處的社會文明，與在時間的長流中所堆積的歷史，在在都建構成個人的集體潛意識。

說到集體無意識，先得對無意識說文解字一番；無意識還是有關意識的，要不則直說空無，也無需多費口舌，再安個集體無意識了。這有點像數學上空（集合）與零的差別。我們知道要有人存過去的經驗，才能結構成意識；而意識的構成，要靠人類的記憶；人類記憶的產生，則需要語言文字的發明才得以成就。因此所謂集體無意識，便是人類在語言文字發明之前，所經歷過的人存實際，但卻沒有因之而建構成意識。如此有意識的過程，卻沒有意識產生的結果，所以叫做集體無意識了。

集體無意識

社會人類哲學家對於遠古先民如何由原始文明進化到人文文明，依人類表達工具的發明與演進，有如下的看法：

可聆性聲音的時間的表達←→可看性圖畫的空間的表達←→語言文字的發明←→人文文明

語言文字一如時空，一體兩面的事，因為表達工具著重面向的不同，可以再一分為二：

聲音的表達←→語言的建構──拼音文字──西方文明
圖畫的表達←→文字的形成──象形文字──中國文明

由聲音圖畫的表達，到語言文字的發明，並不是截然

一分為二的事情，而是一種連續性的過程；在這時間久遠的過程中，對於所謂集體無意識原始人類所經驗過的人存事實，卻是有追憶式文字的記載流傳下來。因為當時的人類生活在一種沒有人為概念物，而與自然一體無分的狀態，所形成的萬物有靈、多神崇拜的神權思維之下，所流傳下來的歷史記載，便是做為各種不同文化根源的神話系統；而不同的地理環境與不同的人文過程，卻也建構成不同的神話。例如聖經的創世記與舊約的種種神話故事，所隱喻的便是以色列猶太教一神教的建立與經過。

東方的古中國人俯仰於天地之間，在絕無僅有雄偉壯麗的錦繡山河之上，敘事的又是怎樣的神話故事：盤古開天、女媧補天，夸父逐日、后羿射日、嫦娥奔月，然後神農嘗百草、伏羲的八卦、燧人氏的鑽木取火、倉頡的造字，再來黃帝立國、堯的敬天、舜在昊天之下哭泣、禹的治水……。這些美麗的傳說無一不在敘述，原始的中國人如何在大自然母親的懷抱，追問探索，成長茁壯，並形塑成以天與道替代上帝與神，自強奮發之大擔當的靈魂，而以天人合一為其終極的回歸與企盼。

集體無意識VS.實相中陰

一如耶穌之於猶太教，佛陀則成長於印度教（吠陀教、婆羅門教）的文化傳統。印度教認為梵是萬物存在的絕對本原，是造物主；人內在最深處有一個真我，就是梵；生命最終的解決，便是找到真我，與梵合一。梵不像西方一神教的神，那麼至高無上、不可企及；究其背後原始的精神，印度教還是萬物有靈、多神崇拜的宗教。所以印度的天空充滿著無數無量的神祇，造形千變萬化，服飾鮮豔瑰琦；又因為古印度人很注重時間性的聲音表達，與梵的共鳴，所以在眾神祇的處所，還迴盪著各式各樣嗡嗡價響的咒語聲。

佛陀生於人類文明大轉變的軸心時代，他從充塞滿溢色彩與聲響的印度教時空，溫柔無諍、簡單明瞭，卻是空前絕後的，提出人類生命徹底解決的藍圖、目標與方法：以三法印的諸行無常、諸法無我，無懼無畏的面對生命的真相，而以第三法印的涅槃寂靜，為生命終極的追求與目標。並親身體證示現唯一能夠到達涅槃寂靜的方法：四念處住。（念頭無時無刻，隨觀安住在四個地方：身、受、心、法。）

假如有人問佛陀：「您圓寂以後，會在哪裡；而您所說的彼岸，又是什麼樣的世界？」他總是以這樣的譬喻回

答：「就像蠟燭的火熄滅了。」然後丟給你無邊的靜默。相較於佛教的燭火盡熄，印度教所指向的解脫之境，便是燭火遠離氣息所擾，不再搖曳。後來佛教為了適應在基本的信念上與印度教南轅北轍的分歧，隨著歷史的演進先架構出精采絕倫、著重思考辨證的大乘佛教；再接著密教以唐卡色彩豐富的神祇所呈現的宇宙觀，與揭諸持咒的密法；到此佛教可以說又重新回到印度教的文化傳統。也因為這樣佛教在印度的土地上，就慢慢地消失無蹤了。

佛教為了適應環境，在密教時期有向印度主流文化的印度教靠攏回歸的傾向。所以身為當時的印度高僧，也是藏傳佛教始祖的蓮花生大士在《西藏度亡經》，敘述中陰身在實相中陰的過程中，所顯現經歷；伴隨各種光芒顏色與聲響的112位神祇，可以在印度教根源性的神話系統中，找到其出處與架構。

一般相信，神話故事是遠古人類在神權時代、神人一體的思維下，對人文事件的經過、或人存生命的經驗，所從事的一種象徵性歷史記錄。依照佛洛伊德精神分析學派潛意識的理論，神話的架構便是所謂的集體無意識。依此推論，實相中陰的歷程可以斷定是集體無意識結構的歷史經過。然後很明顯的，可以看出從實相中陰到投生中陰，再到投胎轉世，正是肉身體內在裡層的意識體，在進行從集體無意識內含於集體潛意識，再內含於個體潛意識與顯

意識之意識建構的過程。可以這麼說，一個人誕生在特定文化傳統的社會中，其背後從遠古文明經人文文明，再到當下所有的時間過程，所形塑成深具個別文化特色的集體無意識、集體潛意識，都可以在個人的意識體裡面得到印記與體現的證明。而這在肉身體生物層面上，可以找到一個非常令人驚奇與雷同的類比：演化生物學家把人類各個不同時期的胚胎，與在不同演化階段動物的胚胎比較；赫然發現人從受精卵到呱呱落地，胚胎實在經歷單細胞到多細胞生物的演進：從魚類、兩棲類、爬蟲類、鳥類到哺乳類，最後是人類的樣貌；也就是說幾億年物種演化的過程，我們要在母親懷胎十月的子宮裡，重新再來一遍。如此，我們可以把一切生物看作是與人類不相關的異類；或者可以想像，藉由胚胎發育的過程重歷各種不同生物的意識，體驗一下「民胞物與」，萬物與我為一體的感覺。

　　同樣的情況，集體無意識、集體潛意識與潛意識，對於個人人格的建構與制約，可以看為是經由外在於身體的社會環境與文化歷史，僅在今生影響我們人格的塑造；或者我們也可以想像，我們已然在特定的文化傳統中，糾纏綿延地輪迴無數次了；從盤古開天以來，沒有不烙印在我們內在的意識體。

死亡原是一場夢

我們以與現代神經精神醫學若合符節，人有五體的分類法，解碼死亡中陰的經過；並在腦波測量實證的基礎下，藉著我們對於睡眠的研究與了解，真確地對比了死亡中陰與睡夢中陰的雷同，然後再以精神分析潛意識的理論賦予死亡個別不同文化傳統的內涵。

在闡明睡夢中陰的過程，已經可以明顯看出：死亡原是一場夢，佛洛伊德認為夢是潛意識在睡眠時激烈的活動：其實我們醒著的時候，還是依然作著春秋大夢：譬如我們莫名其妙地喜愛或憎惡一個人，遏抑不住衝動而罵人、打人、甚至殺人，罪魁禍首不都是潛意識嗎？

潛意識的英文是unconscious，un-沒有的意思，所以未被察覺、未被意識到的都是潛意識（集體潛意識、集體無意識也是）；依此我們可以了解到，佛陀教誨的終極關懷，不就是要我們警醒、覺知、完全意識地（totally conscious）活在當下的每一片刻。沒有潛意識作用的餘地，只有全然清明的意識；甚至在睡覺的時候，那觀照的意識還是清楚的看著主人翁。

但是親愛的慈悲的佛陀，我們知道生命免不了生老病死；假如痛苦到不能忍受的時候，我們就哭，哭了、累了，睡一覺、作個夢，醒來就好，就是做做白日夢也不錯

啊！為什麼一定要清醒，難道生命就必然會有向上要求覺醒的可能嗎？但是已有無數無量無邊的眾生走過，名見經傳的佛，又能有幾人呢？再者眾人皆睡、我獨醒，也不是一件好受的事情啊！

發表於《臺灣醫界》，2013，Vol.56，No.12

以量子物理和神經精神醫學的進路，闡明佛教的唯識學

緣起

　　讀醫學院時大一升大二的暑假，我參加高雄佛光山的大專佛學夏令營，第一次聽聞授課老師介紹佛教的唯識學；知道人的意識可以分為八種：眼識、耳識、鼻識、舌識、身識、意識、末那識和阿賴耶識。以當時對於生物科學的了解，毫無困難地可以抓到前六識的實際內涵：是人的五種感覺器官——眼、耳、鼻、舌、身（皮膚），分別感應到色、聲、香、味、觸的刺激，進而產生神經電流，並傳到腦部，再經由腦神經不同層次部位之間的傳導作用，統合成屬人特有的意識。至於「末那識」和「阿賴耶識」則聽都沒聽過，一直想不通這兩個意識所指向的實存狀態到底是什麼？又如何以現代的科學知識來驗證它呢？

　　大五升大六那年，又去了一次夏令營，也有一堂唯識學概論。那時上過了神經學，對於前六識在神經解剖生理學實證上的理解，比起以前更加清晰；也念了精神醫學，

讀到精神分析人類意識結構的理論，有「意識」、「潛意識」、「集體潛意識」、「集體無意識」之分，但是這些跟「末那識」與「阿賴耶識」還是不知道如何配合起來；再說原始佛教小乘的經典也只說人有六識。所以對於唯識學，我一直都沒有遵循佛陀對於自己兒子學習經典的教誨：要受持讀誦，為人解說；而是聽孔子的話：「知之為知之，不知為不知」；然後「多聞闕疑，慎言其餘」；此後便將唯識學束之高閣，標記為等待解決的疑問。直到30年過後……。

2010年11月，我困心衡慮地要讀懂一本書《心與科學的交會——達賴喇嘛與物理學家的對話》。這本書的主旨是讓走在人類科技前端的高能物理學家，跟達賴喇嘛分享量子（光）的三個弔詭，與現代宇宙學所揭示的宇宙圖象。並請達賴喇嘛以佛教密宗有關時空的形上哲學作為回饋與總結，希望佛教與科學的交流能夠帶給我們對於真理的洞見。

當時初次認識量子的不服從因果律（弔詭之一：客觀的隨機性——量子不知從何而來，往那兒去——與因果律無涉）、超越矛盾律〔弔詭之二：疊加（Superposition）。矛盾律：一物不能同時在A處，又在B處；疊加是說量子可以同時在兩個以上的地方〕，及一即一切、一切即一〔弔詭之三：非地域性（No Locality）——

一相關連的量子不管相隔多遠，它們的行為舉止卻像是單一實體那樣一模一樣——生命個體即存在整體，存在整體與生命個體合而為一〕的特性，簡直驚恐怖畏，嘆未曾有，而致身心震動，不知如何是好，同時也知道自己有很多不明白的地方。待心情稍復平靜，當下立志開始展開探索量子弔詭的奇幻旅程。

隨後可以說是孜孜不倦，殫精竭慮地將自己浸漬在量子宇宙的世界之中。說到要攻克量子宇宙的堡壘，首要的天大挑戰便是弄懂愛因斯坦與時空有關的相對論〔可以把宇宙說成用光（量子）來度量的無限時空〕；結果用膝蓋想也知道，一定踢到鐵板；一向自詡的理性思考，毫無用武之地；宗教虛靜冥想的功夫，也兵敗如山倒。

只能使上孔子「知之為知之，不知為不知」的老實功夫，參照眾多物理大師對於相對論的看法，把看懂的列下，不懂的擱置，像玩拼圖那樣想一片一片地把宇宙的真貌顯現；但是宇宙的浩瀚，窮人類全部的智慧與精力也難窺全貌，我努力完成的宇宙拼圖雖然只是寥寥數片，倒使我認為自己所瞭解的相對論主要概念，可以推演到其他學科的應用。

首先檢視的是自己最喜歡，也是多年以來在醫病關係的建立與經營上，被我奉為圭臬的敘述療法（Narrative Therapy），或叫故事療法（Story Therapy）。這才猛然發

現，在此精神分析學派簡單明白的總綱要領底下——以委
託人為中心，讓他能夠安心且自由地敘述自己的生命經
驗，看看這人生的故事到底哪裡出了問題？要怎麼面對與
解決才比較好？——其實是很愛因斯坦相對論的：一切都
是相對的，醫師與委託人是相對的——沒有誰是權威的拯
救者，誰又是無助的求救者——最讓人一時忍受不了的
是，它認為這世界原本就是一場羅生門，沒有百分之百絕
對的真相可言，也只能透過不斷地自我敘述，以求逼現事
實。就這樣在相對論與敘述療法之間沉吟多時以後，我毅
然決然要把量子弔詭的讀書心得敘述出來。

　　過了半年，於2011年6月完成〈以宗教神祕冥想的進
路，看量子的弔詭〉；隨後於2013年寫就〈從量子物理宇
宙學與形上學的觀點，細說靈魂〉；接著於2014年誕生了
〈從生命人存的角度，看量子的弔詭〉；而2012年的〈從
中陰身的觀點，揭開死亡的奧祕——在神經精神醫學的基
礎上〉，則是嘗試在腦神經醫學的實證基礎上，以精神分
析意識結構的理論，來探索生命與死亡的奧祕。

　　這樣一路走來，驀然回首，才發現自己所追索尋求的
不正是人類亙古以來的終極疑問：宇宙是什麼？生命是什
麼？亦即「存在是什麼」的解答嗎？這一尋思讓從小被壓
抑慣了的我，也不禁要為之躊躇滿志，顧盼自雄好一陣
子。過不了多久，在腦海裡突然出現被我遺忘了三十年的

唯識學，在那裡逗引我的注意，說道：還有我呢！

　　是該回過頭來面對什麼是「阿賴耶識」，什麼又是「末那識」的時候了。首先，我並不急著進入唯識學的研讀，而是以量子宇宙生命這一序列的存在體系，來思索「阿賴耶識」與「末那識」所指向的境界或實存狀態到底是什麼？就在每天運動保健的經行中，我不時像禪宗參話頭那般，不住地自我發問與回答，非得把「阿賴耶識」與「末那識」弄清楚不可！也不知過了多久！在不經意電光石火的一瞬間，恍然大悟！然後開始跟圖書館借好幾本唯識學的書，費了近兩個月的時間，勘驗理解唯識學艱深的文字名相；再來便是最近我常坐在電腦前努力書寫〈以量子物理和神經精神醫學的進路，闡明佛教的唯識學〉的場景了。

唯識學簡史

　　按時間順序來分，佛教有如下的分期：佛陀涅槃以後到其直接弟子入滅的時候為止，是「根本佛教」時期；其後到佛陀的再傳弟子為止（350B.C.-270B.C.），稱為「原始佛教」時期；然後隨著時空的遞嬗，演變成「部派佛教」；部派佛教又分為上座部（保守的正統派）與大眾部（前進的革新派），也就是大眾部後來發展成大乘佛教。

佛教最初3至4百年間也沒有大小乘之分，是那些大乘佛教的菩薩們為迎合眾生喜大惡小貢高我慢的習性，把根本原始佛教稱為小乘，自己就自立為大。而大乘佛教又形成「空」宗與「有」宗兩大學派。空宗是指龍樹菩薩（A.D.150-250）創立的中觀學派，著重於空理法性的形上思辨；有宗則是無著菩薩（A.D.310-390）所開創的瑜伽行派，又名唯識學派；現在所稱的唯識學經典，則是無著之弟世親菩薩所造的《唯識三十論頌》，說一切法皆「有」而不說性空。唐代玄奘大師（A.D.601?-664）西天取經可以說是為明白唯識學的根本；其請回的經典論典主要也是以唯識學為大宗；並由他翻譯推廣於中國，傳於弟子窺基大師；漸漸形成中國佛教十大宗派之一的唯識宗。玄奘大師被尊為唯識宗初祖。

說「空」道「有」話唯識

大乘佛教「有」宗的唯識學是說一切的存在，是因著人的心識而有的，正所謂「萬法唯識」、「一切唯心」。推演之，即是人的內識為實「有」，而外境實「空」；有的更說：一切外在的山河大地、森羅萬象，都是心識所幻現的──說白一點，是只有心識是存在的；而心識之外，器物界的一切都不具有存在意義的。這樣的說法有點像近

代哲學的唯心論的說法。不過若把上述「心有境空」的說詞講給小朋友聽，他們一定會說：「這怎麼可能？樹木、房屋、學校通通是『空』的，叔叔您有病嗎？」其實現代的量子物理學家也不遑多讓無獨有偶地，為了譬喻量子弔詭的現象，曾說過類似很白目的話：「你看月亮的時候，月亮才在那裡；你不看月亮的時候，月亮就不在那裡！」〈註1〉

　　說到「空」，必然會讓人想起龍樹菩薩在《中論》一書中的名句：「眾因緣生法，我說即是無……未曾有一法，不從因緣生；是故一切法，無不是空者」。這兩首偈頌可以濃縮成大家耳熟能詳的一句話：「因緣所生法，我說即是空。」意思是說，遵循因果律〈因緣所生〉的一切存有〈包括人的心識與外境〉，都是「空」的。然而「空」的意思不是什麼都沒有，而是說萬物萬法的發生與演變，都必須有其個別的原因與條件。也因為這樣，它們不具有不變性、永恆性與主宰性；所以是「空」的。換基督教的說法，就是不具有神「自有永有，從亙古到永遠」的特性——所以不是神，便是「空」！而這也不禁讓人聯想到基督徒常常這樣讚美神：「上帝啊！世上的一切，終將逝去；唯獨您永遠常存！」不過很希望基督徒禱告的時候，不要那麼激切熱血；而是隨後能夠涵泳在與神冥合的寂默與寧靜之中。

〈註1〉
以前的物理學家為探究光到底是波動或是粒子，曾做過這樣一個實驗：光的雙縫實驗——結果發現若你不去觀測光到底是粒子，還是波動的話，光就顯現出波動的性質（沒有月亮）；而假如你以光去探測光的話，光受到探測光能量的干擾，光就會變成粒子（月亮出現）。

　　唯識學「心『有』境『空』」、「萬法唯識」的說法，有近代哲學唯心論「心靈先於物質」的理則；不過深入推敲，說它是「物質先於心靈」的唯物論也是可以的——因為人類的心識是由有機物質結構成生物體的腦神經系統所產生的。而大乘佛教「空」宗的經典認為不管是生命內在主體的「有」，還是外在客體的現象，因為都具有「無常」（沒有不變性、永恆性），與「無我」（沒有主宰性）的共通特性，所以雖然明明是「有」，卻說它是「空」。又說「空性」是一切存在的根源，即在《心經》中所謂「諸法『空相』，不生不滅」，這「空」實際上可是沒有生滅，顛撲不破的「有」啊！

　　說是唯心論，卻變成了唯物論；明明是「有」，卻說它是「空」。而佛教繞過一神宗教上帝的概念，獨樹一幟地以「空性」、「無我」的境界，作為生命終極的標的；卻在後來的發展所延伸而來的形上思辨中，出現將「空性」、「真如」、「本覺」、「如來藏」視為存在根源實體的跡象——這樣的論述會讓人——不留神地就嗅出一神宗教本體論的氣味來。

不管在東方還是西方，用怎樣的名言概念來表達、呈現生命存在的體驗或境界，並將之衍展成理論的時候，終究會遇到並且陷入人存本具的矛盾困境，「在佛教有是『空』也是『有』的矛盾，一神宗教則會產生上帝是否是具有位格的神的諍論等等」。因為「存在」是「存在」，「表達」是「表達」，「表達」不是「存在」；人所能夠做的也只是對於「存在」進行一種屬人相對時空的「表達」，永遠也不能臻於存在絕對的境域；甚至可以說，人只不過是存在的一種表達物。如此一來，這要如何才能消解因人而有的根本大矛盾呢？

從現代宇宙學的理論，說「空」論「有」

自有生民以來，人類好奇的天性自然會產生兩個存在性的大疑問：生命是什麼？生命所寄託的宇宙又是什麼？在面對浩瀚宇宙的時候，我們也只能靠著感覺器官：眼耳鼻舌身——主要是視覺與聽覺，來觀察認識它；因為感覺器官的局限（例如眼睛能看到的可見光只占電磁波全部頻率很小的一部分），我們認知到的宇宙真可說是以管窺天，以蠡測海；所獲得的結果與推論免不了如盲人摸象般地以偏概全；從來我們也只能相信聖人或哲學家們的省察與體悟，用一些看似簡單易懂卻又富含形上思辨的文字——

—如「空性」、「假有」、「空中妙有」……等等，來表達他們的宇宙觀。後來的人跟著延伸概念，形成理論，接著再互相以語言文字來解釋驗證彼此的理論；不知不覺地就陷溺在言說戲論中，忘卻了原先要探究瞭解的宇宙。

100多年以前，愛因斯坦發表空前絕後的相對論，打破人類之前認為的等速規律有絕對意涵的時空觀念；把我們的眼界從太陽系銀河的範疇，提升到無限深遠宇宙的觀點來看宇宙。

20世紀自然科學由原子核子的時代，慢慢進展到高能粒子物理量子的世界；粒子加速器把以前認為不可分割的粒子，盡可能地加速到極限，使它們對撞，裂解它們，建構出構成宇宙基本粒子的模型；最終是想解開能量如何變成質量的奧祕，連帶的使我們利用從中了解到的事實與理論，來推想宇宙的過去與未來。在這同時望向遙遠宇宙的天文學家，所使用的天文望遠鏡，是越做越精密，解析度愈來愈高；除了大家熟悉的觀測可見光的光學望遠鏡，還包括長波長的無線電波到短波r-射線各種電磁波的望遠鏡，來接收宇宙不同的信息；甚至為了避免地球大氣層的干擾，把望遠鏡送到外太空的軌道中。

到如今向外我們可以看到138億光年遠的星光——138億光年：光以每秒30萬公里的速度走了138億年的時間——無數無量算術譬喻所不能及的距離；向內人類於2013年3月

利用當今速度最快的粒子加速器—大強子對撞機，確定證實發現了希格斯玻色子，間接證明了英國物理學家希格斯的理論：說明基本粒子如何與能量粒子相互作用而獲得質量，使我們踏出更接近能量如何變成質量終極假說的一小步。

　　從外面無邊無際的星空，到每一顆粒子蘊藏無限大能量的最裡面；人類對於宇宙整體的了解與清晰圖像的描繪，證實了宇宙的起源開始於大霹靂（BigBang）〈註2〉；大霹靂可以想像成很大一團溫度不可想像高的能量，爆炸開來；幾乎在爆炸的同時，大霹靂發生暴脹現象，產生不可思議大的加速度——重力波〈註3〉，造成向十面八方散開來的能量，密度不均，溫度不一，於是形成分散在各處的星雲；藉由暴脹現象的重力波與星雲本身的重力，星系（銀河）接著成形；恆星（太陽系）依照同樣的道理，在星系內陸續出現；在這種恆轉流變的時空中，進行著能量轉變成質量繁複的演化過程—生命與意識也跟著變異而成。至於大霹靂之前的宇宙是什麼樣的狀態，有些理論物理學家認為大霹靂是質量前的存有—物理的規律與法則全都不存在，就讓我們愛追根究底的好奇心止於大霹靂開始爆炸，時間等於零的時候吧！不過近年來雖然沒辦法用實驗來證明，科學家漸漸深信大霹靂源自於虛空，虛空就這樣神一般地誕生了大霹靂。

我們以現代宇宙學的理論，對照佛教「以有空義故，一切法得成」的宇宙觀，可以得到以下的類比：

虛空（「空」）→大霹靂（能量的「有」）→

質量（「有」）→生命（唯是識的「有」）

能量的「有」，對質量的「有」而言，是看不到摸不著的無，所以可以這樣表達：

「空」→無（能量─質量的「無」）→

「有」（質量有）→生命與意識

佛陀曾說一切眾生存在於三個界域（三界）：無色界、色界、欲界，其實際所指即是能量的場域、質量的場域、與生命意識的場域；而「空」雖說是存在的根源，卻不是我們以能量─質量─意識與「空」在不同層次上的存在，所可以企及和論說的、這在佛陀的教理中拿捏得絲毫不差，沒有把無與「空」搞混；當弟子問佛陀什麼是「涅槃寂靜」──「空」的時候，佛陀只說了這樣的譬喻：就像蠟燭的火熄滅了，什麼都沒有了；然後一句話也不說地示現無止盡的寂默……

〈註2〉
美國天文學家哈伯連續地觀測別的星系的星光時，發現接受到光的頻率，會隨著時間而變慢，波長也隨之被拉長；表示我們探測的星系與我們的距離愈來愈遠，以紅位移（redshift）的現象（紅色是可見光頻率慢，波長長的那端），證明各個星系正以加速度互相遠離而去──宇宙還在膨脹！理論物理學家逆推回去，假設宇宙起源於一次大爆

炸；然後再推算回來，經過138億年以後，宇宙的溫度降到很低很低，會在整個宇宙的空間形成一種頻率屬於微波的熱輻射（是一種電磁波）。1964年美國科學家無意間發現了分布均勻、各向相同的宇宙微波背景輻射，就以此發現和紅位移的現象確立大霹靂的理論。

〈註3〉
科學家以從一個原子大小，瞬間膨脹到一個地球大的圖象，來比喻大霹靂的暴脹現象；也一直想探測由暴脹現象所產生的重力波，來證明曾發生過暴脹現象。然而這與各星系形成有關，屬宇宙尺度，是史上最強的重力波；並不是處在如微塵般地球的我們，所能夠直接測量的。頂多也只能觀測時空因為重力波被扭曲拉伸的情形。而宇宙的空間是充滿著宇宙微波背景輻射，所以要追蹤重力波吹拂過的痕跡，其實就是要觀察其中一小塊區域的宇宙微波背景輻射，會不會因為重力波破壞宇宙微波背景輻射的均勻性與均向性，而產生不同的亮度。就在2014年3月美國的物理學家團隊，宣稱已經觀測到宇宙微波背景輻射的細微變化，而證實了大霹靂暴脹現象的理論。

異熟／等流VS.創造／因果

我們以現代宇宙學的進路，闡述佛教的宇宙觀之後；要進到用科學的角度敘述唯識學之前，有必要先把唯識學兩個非比尋常的名詞——「異熟」與「等流」論述一番。

唯識學第八識叫「阿賴耶識」，又叫做「異熟識」；是前七識與宇宙萬有生起的原因，所以是一切萬法的「異熟因」。「異熟」有三種定義：（1）變異而熟，（2）異時而熟，（3）異類而熟。「異熟因」隨著時間的流逝，變異而成「異熟果」，原因與結果非屬同一類別的存有叫做異類而熟。所以以「異熟識」來說明「阿賴耶識」，就在

表明「阿賴耶識」與它所生成的一切不是處在同一層次的存在場域。假如「緣生」的原因與「緣生」的結果屬於同類性質的，就叫做「等流因」、「等流果」（等流：似水流恆隨轉變的意思），也可以說是「同類因」、「同類果」。

以此思考邏輯來看西方一神宗教──上帝是至高無上造物主的概念，就得考慮「創造」與「因果律」兩者之間的差別──神造萬物是屬「創造」：O→A→B→C……，「創造」的因（O）與「創造」的果（A→B→C……）不屬同類；而「因果律」：A→B→C……，則生成的原因與結果屬於同類。我們以「異熟／等流」VS.「創造／因果」的觀念，落實到科學家所發現的，關於存在的發生與演化的真相：「空」→大霹靂〈能量〉→質量→生命與意識；可以看出「空」→能量和能量→質量，兩種異類的因果關係；而在生命與意識層面上，雖然都是從質量的基礎上進化而來，卻也蘊含著從無機物變化成有機物，與從生物體的意識演化成屬人萬物之靈的意識，兩種同類而不同性質的因果。

近代生物學家運用達爾文的演化理論，把能量→質量→生命與意識這一宇宙生命存在的序列分類成物理層面的演化（能量→質量）、化學層面的演化（無機物→有機物）、生物層面的演化──達爾文的演化論，與當今之世

提倡的意識層面的演化（人類更高級意識的探索與開發）。

　　當然一神教上帝的概念與佛陀的涅槃寂靜，所指向的是「空」→能量這一種存在根源性的「異熟因」；而「空」對我們而言是不可知，不可表達的；以致於人類對於存在的追索所形成的分別言說與理論推衍的過程，常常以下位層次的事物來表達論斷上位層次的真理；或是以上位層次的存有，否定下位層次的事實。例如說上帝是具有位格的神——把神擬人化，或是以上帝的創造，否定了達爾文演化論的因果律；再到最近的宇宙學家以艱深的宇宙源起與演化的理論，質疑上帝存在的必要性；說來說去還是佛陀比較高段——以默然無語來呈現「空」，或是一開始就先聲明可不要來問我有沒有神這一類的問題！

從能量量子的眼光看生命與意識：
「氣」VS.「血」

　　以量子物理與宇宙學的理論，來闡述宇宙的起源與變化，是現代科學劃時代的躍進。在我們以能量量子的眼光來看生命與意識之前，值得我們一探原始人類如何追索與回答存在是什麼的終極關懷，畢竟他們曾跟我們經歷同一個宇宙、感受同樣的生命。當然當時沒有量子的理論來說

明什麼是能量；而是以「氣」來表示看不到摸不著的能量。再者，對原始人類而言，死與生最大的區別在於血液的停滯與體溫的喪失，所以古人再以看得見的「血」來代替「氣」；就像中國傳統醫學常說的「氣血」—「氣衛營血」—「氣」以保衛身體驅動血流，「血」以營養維繫生命。就這樣，「血」就變成生命的代名詞。上古時代的人有歃血為盟、血祭的儀式，還有「血債血還」的律法；或是以動物或活人殉葬的習俗；甚至後來耶穌的寶血可以贖全人類的罪的說法，也都是依循著這樣的人存體驗演變而來的。

這一段人類的上古史在聖經中，被猶太人的文化傳統以一種極富象徵意義的寓言式神話故事表達得淋漓盡致；例如在《舊約，創世紀》2章7節中——「上帝用地上的塵土造人，把生命的氣吹進他的鼻孔，他就成為有生命的人。」而在《以西結書》37章中，上帝透過先知以西結，把氣吹進已成枯骨的軀體，軀體就活過來並可站立，而且數目多得足夠編成軍隊；《創世記》9章4節中，上帝跟挪亞立約說到：「你們絕不可吃帶血的肉，因為生命在血裡。」至於耶穌的寶血可以為人類的贖罪祭，則是在《西伯來書》9章13節——「如果山羊和公牛的血，……灑在那些在禮儀上不潔淨的人身上，能夠清除他們的污穢，使他們淨化，那麼基督的血所能成就的豈不是更多嗎？……他

的血要淨化我們的良心。………」

至於中國的「氣血」說，最後在人本思考、務實精神的取向下，漸漸與宇宙觀無關，而只著重在靜坐導引、養生保健方面；一直到了宋末元初的時候，文天祥在〈正氣歌〉中說了一句「天地有正氣，雜然賦流形」的話，倒頗有愛因斯坦質能互變公式：$E=mc^2$（能量E等於質量m乘於光速c的平方）的姿態。不過我們還是趕快言歸「從能量量子的眼光，看生命與意識」的正題，因為能量已經在嘀咕了：我們量子那有正邪之分呢？

現代宇宙學所描繪的，關於宇宙如何起源與演化的圖像，會讓人聯想到老子在《道德經》中對於「道」是什麼的描述：「有物混成，先天地生。寂兮寥兮，獨立而不改，周行而不殆，可以為天下母。吾不知其名，字之曰道，強為之名曰大。大曰逝，逝曰遠，遠曰反。」而隨後我們要說明能量如何與各類生命相關的情況，也不禁會讓人想到莊子在《莊子‧知北遊》中回答東郭子連續逼問「道」在哪裡的那段話：「（道）無所不在……『在螻蟻』……『在稊稗』……『在瓦甓』……『在屎溺』。」

雖然深奧的科學理論或生命的真理，有時候令人難以理解；但是不管是引發理論的靈感，或是真理所要呈現的事實，其實往往是日常生活中很稀鬆平常的事。例如牛頓的重力理論，來自於蘋果落地打到他的頭；佛陀的三法

印：「諸法無我」、「諸行無常」、「涅槃寂靜」其實是佛陀看見人的生老病死而悟出的。同樣的量子──史上最渺小的神人，又是如何與人的意識聯結，其中的奧祕則盡在：「開燈，就有光」這一簡單的物理現象。不相信？且先從量子是什麼說起：

量子是能量存在的最小量，現代最流行的「超弦理論」認為，量子是一小段微小的一維能量線在十維〈我們熟知的四維時空，再加六個卷曲而微細的額外維度〉的時空中，以波動的方式共振而存在。科學家也因為量子這一種波動的性質，才推論出能量（大霹靂）能從虛空裡無中生有的結論。但是對人類而言，它也可以是粒子；因為我們要以光來觀測量子，量子受到光的干涉，它就由波動轉變成粒子。現在我們都知道量子是一種電磁波，以不同的頻率和波長存在；頻率的幅度很廣，我們熟知的可見光〈太陽光〉僅占頻率範圍的一小部分。所以就人類可感知的世界而言，你說量子就是光子，也沒有人會反對。

說到量子是電磁波，就得提到電磁波被發現的經過。1865年英國物理學家詹姆斯馬克士威〈James Maxwell〉發表電磁學的馬克士威方程組，其中的電磁理論說到時變的電場會產生時變的磁場，接著時變的磁場又會激起時變的電場；如此交替變化的電場和磁場形成電磁場；而交變的電磁場相激相盪會放出所謂的電磁波〈光，量子〉。隨後

德國物理學家赫茲（Hertz）（1857-1894）的實驗證明了馬克士威的理論；而此電磁理論也成為後來愛因斯坦光電（量子）效應的濫觴。

愛因斯坦的光電效應是說，光（量子）打在金屬原子核外的電子層中，光的能量會被電子層所吸收；假如光的能量剛剛好（與光的頻率有關，頻率愈高，能量愈高），就可以逸出最外層的一個電子。反過來，原子核找回一個電子，則會放出量子（能量）。光電效應與電磁理論的差別在於電子與光的交互作用，可以省去磁場這個中介；不過後來電磁現象倒是運用於人類的許多發明上，如電扇、磁浮列車……，甚至粒子加速器也是。

基本粒子是構成物質的最小不可再分割單位，現代「粒子物理學」把基本粒子分為四類。電子屬「輕子」這一類，眾所周知它是原子結構的重要成分。其中有一類要特別提起，因為它們並不參與物質的組成，而是在粒子之間作為媒介以傳遞相互作用力的基本粒子──「規範玻色子」。例如，大家都了解，兩個物體之間不管距離多遠，一定會有重力（引力）存在；而重力的產生，現時的物理學家都深信是由「規範玻色子」之一的「重力子」居間傳遞作用力而形成的。雖然到目前為止，人類還沒有辦法知道「重力子」到底是什麼？如何找到它？而光子也是「規範玻色子」的一分子，它是傳遞電磁相互作用力的基本粒

子。由此綜觀馬克士威的電磁理論與電磁波（光子）的特性，我們可以把光子與電子比喻成陰陽表裡的伴侶關係：借由不可見的量子，電子才能彰顯它的力量，而量子則是電子存在的意義。

生命是什麼？

注重普及科學的物理學家，為了讓大眾明白電磁波—光子的關係，建議以「電子靠近電子會放出光子，若要電子離開電子則需要能量」的簡單敘述來理解它。就像「開燈，就有光」：電源來了，電子一個一個連續不斷地往燈絲那端擠，燈泡也就能不間斷地放射出光線來。不過要用這種簡單現象來進一步闡述什麼是生命的時候，則還要增加一點點曲折的辨明才行。

首先，因為電子具有質量與負電荷，它不像只是能量，質量為零的光子那樣，能夠獨立自主；而必然要圍繞在小自原子、分子，大到各種龐雜化合物的原子核外，形成電子雲層。所以燈開了，電子得沿著金屬電線的電子雲層飛奔；而在生命體內，電子的失去與獲得，所伴隨能量的產生與轉移，必然要涉及各種有機化合物的結合與分離。照這樣看，前者發生的是物理反應；後者與生命有關的則是化學變化。當然物理反應需要的電流強度與產生的

能量遠遠大於有機體的化學變化。所以開燈，就有可見光；而我們人體產生的化學能量，就只能發出不可見且對應性微弱的電磁波輻射了。要不然，每個人不都變成金光閃閃的發光體；然後誰摸我，我就電誰了。

讓我們以生化學的觀點與專有名詞來說明什麼是生命：生命種種的活動與現象，來自於生命體的新陳代謝；新陳代謝是一連串氧化與還原的生化反應，失去電子即氧化，獲得電子是還原；在失去電子與獲得電子之間，便有能量的產生、儲存與轉移。所以生命就是能量透過有機體繁複生化過程的一種展現。

意識是什麼？

腦神經醫學告訴我們，人的意識是感覺器官接受外界色、聲、香、味、觸的刺激，引起神經衝動，傳到大腦；經由腦部不同層級部位之間的來回傳導，產生一種綜合感情、思考、情緒與精神的神經作用。有人把神經比喻成布滿人體的電線，所以首先應該探討神經的構造與其如何傳導神經的衝動，才可以明白為什麼意識又能與能量量子有關。

一個神經細胞（神經元）分成樹突、軸突兩部分：樹突是接受刺激產生神經衝動的地方，軸突則像長短不一的

電線用來傳導神經的訊息；當軸突的電流到達終點並經過突觸（軸突與樹突之間不相連的接觸面）時，會透過化學反應將能量傳給下一個神經元的樹突。所以樹突除了接受軸突傳來的訊號，最主要的功用是感應環境對於感覺器官的刺激。而外界的感覺對象其實是不同類型的能量：顏色是各種物體反射太陽光的量子能量，聲音是空氣振動的動能，氣味是氣態化合物的化學能，味道也是一種化學能，而觸摸則包含位能和動能。感覺器官為了把各種不同的能量，轉變成神經傳導的電流，而演化成各種形態的接受器；就好像人類會想辦法利用潮汐、水力（位能、動能）、風力（空氣的動能）、太陽能（量子）……來發電的道理一樣。

再來我們必須瞭解軸突的構成與其傳導神經電流的方式。生命體的神經細胞是由有機化合物組成的，不像電線是無機金屬銅原子聯結而成；更特別的是神經元軸突細胞膜外還包有一層髓鞘，髓鞘不是連續地包著軸突；而是以蘭氏結一節一節的圍住軸突；在兩個蘭氏結間隙的細胞膜上帶有電荷，蘭氏結上則不帶電。神經衝動就像青蛙跳，跳過一個又一個的蘭氏結那樣地傳遞電流。

神經細胞靜止不活動的時候，細胞膜外是帶正電荷；但當外在環境對於感覺器官的刺激，強烈到足夠激發神經的活動電位時，細胞膜內外的離子通道隨即打開，正離子

也跟著進入細胞內，細胞膜外的正電極便馬上變成負電極；此時因為細胞內正離子濃度的改變，再透過化學的滲透作用，並經過一個蘭氏結的距離，就會引起下一個離子通道正離子的流動，也把那裡細胞膜外的正電荷變為負電荷。神經訊號就這樣一路從樹突這端傳到軸突那端，通過突觸再到下一個神經元。最後在神經細胞傳完電流以後，透過相反的過程，再把細胞膜外的負電極恢復成靜止狀態的正電極，以備下一次神經衝動的到來。

我們可以看到神經電流的傳遞，是藉由有機體連鎖的生化反應——電子的失去與獲得，來傳送訊息的能量；外在刺激也只需要能夠啟動與感覺器官神經連結的活動電位，就可以把衝動傳到遠處，遍及腦部。不像電線上的電子，一逕靠著物理蠻力，克服一個挨著一個原子核外的電子層所形成的電阻，才能到達目的地。所以產生燈光的電流電壓需要110—220伏特；而神經衝動的電流電壓用的度量單位是微伏特（微：10^{-6}），相差一百萬倍到一億倍。到此我們可以看出，宇宙源起的那頭，能量是無限大，意識等於零；而生命這一端，能量極微小，卻能遍地開滿五彩繽紛的意識花朵。而且千萬記得，不管是愛的碰觸還是慈悲的話，只要輕輕地，溫柔地細說就可以了。

虛空VS.重力

現在大家都知道質量是由能量轉變而成，而能量是以量子的狀態存在；對人類而言，量子又以太陽光〈光子〉的形式成為我們可以看見、感知的對象。其中，光子藉由電磁現象表明了它與電子互表的關係；接著能量再經由有機體生化反應中電子的轉移，展現出各種不同形態的生命與意識。最後物理學家說，這一切都來自於138億年前宇宙發生的大霹靂；而大霹靂就這樣無緣由地從虛空中產生；面對虛空，我們無能為力，一句話也說不出來。

雖然虛空不可知、不可表達；但是虛空借助於重力，顯明了它神一般的作為：最初與大霹靂幾乎同時發生的宇宙暴漲現象，其所產生的重力波，對星雲攏聚成星系（銀河）起了重大的作用；而身為地球所有能量來源的太陽，也是因為重力促使星際雲（主要的成分是氫）凝聚成核融合反應而誕生的。愛因斯坦廣義相對論中要闡明的事實是：像太陽那樣大質量星體所產生的重力，所造成空間的彎曲，就連直線前進的光子經過，也不得不乖乖地走彎路。

最後高深莫測的黑洞，也是因為極高密度的質量產生無限大的重力，只要光子進入黑洞的重力範圍，就逃不過它的手掌心，墜入無底深淵，永不見天日。這也讓科學家

猜想：黑洞是所謂的負空間嗎？或者，黑洞是蟲洞，能通往另一個宇宙？

以上重力所展示的輝煌事蹟，是以大霹靂發生以後的虛空為舞台；而這虛空與產生大霹靂的，可是同一個虛空？我們不知道！

不過說了那麼多，依舊等於白說；因為我們還是不知道重力（子）到底是什麼。但是經過這一番敘述，倒使得虛空不會讓人感到那麼虛無飄渺了！然後我們也才能稍微了解，當初佛陀宣說「一切都是空」的終極真理時，他是怎樣一種「知我者，其天乎」的莫可奈何心情！

從腦神經科學的角度，闡述唯識八識

腦神經的結構與功能

以前有首情歌是這樣唱的：「天上的星星千萬顆，地上的妞兒比星多……」，然而天文學家卻估計我們銀河（星系）的星星（太陽）其實有億萬顆；而且全宇宙的星系，大概也有億萬個。神經學家曾把人的頭腦比喻成一個宇宙：假如一個神經元是一個星系，那麼整個腦部的神經細胞以複雜的徑路與迴路連接成一體，就好像宇宙數不清的星系，以重力或其他不可知的力量聯繫在一起一樣。

而這兩個龐雜而不可窮盡的網路系統，人類又如何能

於其中找出它們的規律性呢？銀河內遠近不同的恆星，圍繞著銀河的中心而走；一如太陽系的地球可以有預期的日升月落。從宇宙的角度看，雖然各個星系加速地互相遠離，我們的銀河系卻也正與一些鄰近星系，結盟成相關聯的星系團。古代的巴比倫占星術，以同樣大尺度的眼界看出：地球的太陽是如何以一年為週期定期地與水瓶座、牡羊座……等等12個星座相對照。而人腦又是以怎樣的結構與功能，表現出它的規矩與秩序，彰顯唯獨屬人的意義呢？

根據生物演化的證據，為了讓我們更加瞭解人腦的功能，神經醫學把腦部的構造由下而上劃分出植物中樞（腦幹部位）、情感中樞（顳葉的邊緣系統，也可說是動物中樞）、思考中樞（額葉後端）、與精神中樞（額葉前緣）。

不過這樣的分類並不是說各個中樞的組織構造有所不同，或是認定有一個明確的部位就是特定的中樞；尤其是對比較高端的思考、精神中樞來說更是難以區分。到目前為止，神經學家只是發現同理心、慈悲心或是超覺的宗教體驗，都要涉及下位本能性的腦神經反應，與上位腦部皮質（尤其是額葉）的連結與迴路的形成，才得以造就的。

而由一些疾病所造成腦部損壞的後遺症中，我們可以看出這種功能取向的排序整理，對於釐清腦部複雜的神經

網路功能，有很大的幫助。例如因為中風而變成「植物人」的狀態，是因為腦出血阻斷了植物中樞與其他高階神經中樞的通路；而由失智症的種種症狀，到最後可以說是成了「動物人」一般，則是因為主管思考與精神的神經細胞被破壞掉了。

　　理解的精神分析學派（understanding psychoanalysis）醫生依據這種腦部分類的生物演化理論，在神經生理學的基礎上，定義了「感情」（Affection）、「感受」（feeling）、和「情緒」（emotion）：Affection（感情）是名詞，動詞是Affect，有影響、作用的意思。所以「感情」是感覺器官受到環境的影響與作用時，其激發的電流傳到植物中樞所引起的一些反射性、被動性自律神經的自主反應；而「感受」則是「感情」上傳到情感中樞後，再添加一些情感上的激情與感動；最後，「情緒」是神經衝動經由神經迴路上達思考、精神中樞，形成一種富含個人記憶與經驗，甚至包含社會文化因素的全腦式反應。舉個例，我走在鄉間的小路，不意驚見路旁有一條眼鏡蛇昂首矗立。說時遲那時快，我大叫一聲、瞳孔放大、心跳加速、直冒冷汗，並反射性地後退一大步或拔腿就跑，這就是「感情」；被蛇嚇到往後狂奔的我，在一點點時間差以後，我才會有害怕或驚恐的「感受」；待心情稍復平靜，我可能會想起小時候去鄉下的親戚家，竟然發現在庭院的

樹籬下有蛇。然後納悶為什麼在城市的郊外會有眼鏡蛇的出沒呢？想必是因為最近有人放生的緣故吧！接著出現心裡直罵髒話⋯⋯等等的「情緒」反應。

不過要附帶說明一下，Affection、Feeling和Emotion這三個有關心理感性的名詞與它們在神經學實證上的定義，有其合乎科學思考的邏輯性；但是感情、感受、與情緒三個直譯的中文名詞，在社會約定俗成的用法上所給予人語意的聯想，跟科學上所敘述的定義，有一些扞格的地方：如Affection會是感受的意思，Feeling則有感情的意思。不過，以西方拼音文字的情緒性用詞來說，在一般大眾的習慣用法與科學的觀點兩者中，大部分也沒有取得一致的共識。例如情感中樞的英文名是emotional center，卻不是feeling center。要自我提醒留意的地方是：古時候聖賢有關形而上存在哲學的論述，其所用的名言概念，也不是以科學事實作為敘述的基礎；到頭來反而會讓人墮入以文字解文字的戲論當中，並陷入重重的知識障而不自知。這也是我們之所以要以科學方法來闡明唯識學的初衷。

科學家估計神經電流在植物中樞、情感中樞（思考、精神兩個中樞還待發展與確立）的處理過程所需時間大約是0.02秒。時間雖然不算長，但總還是有間隔。因此有些人就可以堂而皇之地說：因為植物中樞，我們儘可以用膝蓋思考，做一些反射性的行為語言；也因為有情感中樞，

我們像動物那樣憤怒與衝動，亦是理所當然。

　　孟子說：「人之異於禽獸者，幾希！」我們實在有必要把腦神經的構造與實際運作的情形，再深入說明清楚，來顯明人之為人的意義與責任。

　　腦神經細胞像天上的星星數也數不清，個個以神經突觸連結成一個全方位立體的網路構造。而神經電流的傳遞可以向上、向下、向四面八方地傳，可以向前傳，更可以往後回傳，形成循環回饋的傳導，這就是所謂的神經迴路：對愛人止不住的思念，是迴路；停不下來莫名的焦慮，也是迴路……。；至於精神分裂症則是神經傳導的電路短路、爆炸、失控了。一般人會認為植物中樞的神經衝動傳到情感中樞，自然是由植物性的感受來引發界定情感性的反應；但是因為神經迴路的關係，也可以發生情感中樞影響植物中樞的反應；例如「情人眼裡出西施」、「仇人見面，分外眼紅」就是鮮明的例子。神經迴路這種循環回饋的作用，把植物中樞、情感中樞、思考中樞與精神中樞的功能合為一體——我們稱之為「心」的作用或人的「意識」。

　　從演化論的觀點來看，腦部神經中樞的進化，可以把生命提昇到更高的層次：動物因為有情感中樞，除了產生植物所沒有的感情之外，連帶植物中樞管轄的生命現象，比起植物也豐富許多，更能到處跑跳；同樣的，是人的思

考中樞與精神中樞使我們能夠思考想像、推理分析，具有動物所不能及的智慧；更升級人的情感中樞，讓我們的情感表達比動物更複雜更細膩。

在生命存在的長流中，我們既然生而為人，就應該肩負起意識進化的使命：要探索人腦中更高階層的部位，勇敢地走入意識未知的領域，行路成徑，結構出智慧與愛的神經迴路；然後反過來檢討並修正腦部已知的神經路徑，發展出正面積極的正確心態，讓自己成為感性與理性均衡且強大又有愛心的人。人已經到了這種光景，也只能繼續勇往直前─寧為痛苦的人，也不願當一頭快樂的豬！

「心」VS.腦

在進入闡述唯識學本文之前，我們有必要對於古人有關生命的表達方法與內容，作一番科學溯源性的探討，以便瞭解他們對於身心現象的感受與看法；因為相同的存在事實與體驗，透過不同的語言文字與文化社會的制約，所表現出來的名相與概念會大異其趣。在這裡我們要提出來的是：依據現代神經科學實證的知識，舉凡一切人的情感、思考與所有的心理作用，都是神經電流在腦神經迴路中來回傳遞所形成的。為什麼以前的人會認為「心」主神明──「心」才是意識的主宰呢？這在中文象形文字的系

統中，可以看出一切有關精神情緒性的字眼都有一個「心」字詞：心情、心思、心煩、心悶、心喜、心狂、傷心欲絕、心猿意馬……。雖然此處的「心」，指的不是肉體的心；卻也是人類從親身體驗延伸聯想而來的，而且這種認知與肉體的心息息相關。

這要從腦的植物中樞說起，植物中樞負責接受感覺器官因為外在環境的刺激所引起的神經電流，然後與腦部更高階的神經中樞通過神經迴路的作用，產生心理情緒上的各種反應；再藉由植物中樞的轉接功能，透過周邊的自律神經系統傳達神經指令於體內的各種器官，引發一些必要的反射和回應，例如臉紅、血壓飆高、逃跑或戰鬥的抉擇……等等。所以，植物中樞也叫做自律神經中樞。另一方面，身體的各個器官也可以像感覺器官經由感覺神經把外界的訊息傳送到腦部那樣，利用本體感覺神經，把身體內部的情況，一五一十地告知神經中樞；才好做一些相對應的調控，以便維持內在環境的恆定。到此我們可以看出：腦部如何以植物中樞為樞紐，調合身體與內外環境之間的互動與穩定，支撐起生命的生存與延續。

而在自律神經系統支配的各類器官中，又以心臟的地位最為重要。因為它處在主要的神經大道上，多少會互相牽扯到其他的器官；身體有什麼風吹草動，心臟就好像京畿一樣，會受到通報與牽連。而且心臟的跳動一有變化，

不管是變快、變慢或變不規則，我們會馬上以心悸感受到心臟的存在。再者，心臟不能像其他器官一樣，可以任意失控或失常太久，以免有生命之虞。最最關鍵的是，古人以「氣血」為生命的象徵，而心臟搏動更是「氣血」的來源，這樣客觀的生命現象再加上生命的主觀感受，「心」自然而然就成為人類神明的主人，意識的主宰了。

腦成像技術（Brain Image）摘要

西方醫學對於人體器官的研究，除了死後的大體解剖與顯微切片之外，還使用各種儀器的成像技術，進行實際的活體觀測，以便瞭解器官的功能與病變。但是腦部受到頭骨的保護與阻隔，讓早期的X-光（X-ray）或後來的超音波探測儀器受到很大的限制。好在1920年代，德國精神科醫師漢斯柏格（Hans Berger）就發展出腦波儀（electroencephalogram, EEG-brainwaves）。腦波儀偵測的是腦神經傳導的活動電位，顯現出當時的科學家已經明白神經的作用是一種電流的反應了。

直到1972年英國的工程師Godfrey Hounsfield與南非出生的美國物理學家Allan Cormack才共同發明頭部的電腦斷層攝影（Computed Tomography—CT），能把腦部以不同的厚度一片一片地像切西瓜那樣顯像出來。如此一來，腦

的立體結構與各個部位的相關位置就一目了然，也使得腦成像技術突破了頭殼的限圍。

1968年到1980年代間，美國科學家發明了腦磁圖（Magnetoencephalography: MEG），用來測量腦神經電流所引起的磁場變化。它的原理來自於馬克士威的電磁理論：時變的電流會產生磁場。雖然神經傳導的電流所產生的磁場非常小，甚至小於環境背景的磁場與磁場偵測器的敏感度，但最後科學家還是克服了其中的困難。腦磁圖不但可以觀察腦部不同部位的神經活動，也可以一窺腦神經迴路循環回饋的奧祕，慢慢揭開人類意識的神祕面紗。

腦裡面有神經電流與磁場，就必然會有電磁場產生的電磁波；而電磁波又是量子，是能量。就這樣，人類幾千年來對於宇宙的起源、生命是什麼的追索過程與成果，全都因為腦磁圖而匯集在一起了！

「五蘊」VS. 五個「遍行心所」

西方科學對於存在的追求與探索，慣以一種二分對立的方式來進行：例如主體<->客體，心<->物，方法<->對象。東方哲學則強調「民胞物與」的精神，以一種主客不分、直觀格物的方法，希望能與研究的對象物融合為一體，來達到一種心物不二之存在性的的瞭解。把這兩種南

轅北轍的文化精神，放在量子物理所呈現的宇宙觀之上來考察，我們可以得到以下符合科學事實的說法，並且出乎意料地發現其中竟有互相會通的地方。

現代宇宙學所描繪的宇宙，是藉由不同天文望遠鏡所接收來自宇宙的各種不同頻率電磁波，因而建構起來的模型。但是依循東方形上哲學的方法，要瞭解什麼是宇宙，就只能化身為電磁波（光），親身遊歷整個宇宙才有可能；而且也用不著花費138億年才能遊遍全宇宙，因為根據量子的第三個弔詭性：非地域性（No Locality）──當你變為量子（能量、電磁波）的時候，你立即能明白宇宙的整體；就像一滴水融入大海一般，霎時一滴水是大海，大海也是一滴水。有一幅對聯把這一種情況表達地淋漓盡致：上下聯是「一即一切，一切即一」，橫批是「一無是處」。這「一無是處」分明就是「非地域性」！就這樣，往宇宙無限遠處不斷追尋的西方，與向內心最裡面最深處不停追問的東方，在不知名處不期而遇了！

在人類探索生命奧祕的長遠歷史中，當今的科學家結合各種領域的科技成就，才得以測量腦神經的電流與磁場，展示人的意識藍圖。而佛陀在2500年前，為求生命的徹底了解，擷取古印度生命科學瑜伽的精華，獨宗靜坐冥想。他那向內審視的心眼，仿如一道光；既然光子與電子存在著相生相伴的關係，所以佛陀的心就好像能夠如影隨

形般地觀照神經電流，親歷腦神經徑路與迴路的作用；然後佛陀用「五蘊」——「色、受、想、行、識」——把人的身心現象準確無誤地表達出來。「五蘊」在科學上的解釋是：色—人可以感應外界的各類感覺對象，包括人的肉身；受—腦植物中樞在接受感覺器官來自於「色」的神經刺激後，所引起的感受（Affection）；想、識——是比植物中樞還高階的神經中樞的心理作用；行——心行，是神經電流在腦神經迴路中來回傳導的意思。我們也可以從佛陀早期的教導中所提到的，要長養人的生命需要四種食物（四食）——1.段食：一般可吃的食物，相隔一段落的時間即需再進食；2.觸食：感覺器官與外面環境接觸引發的神經衝動，包括膚觸、擁抱；3.思食：「五蘊」的想；4.識食：「五蘊」的識—來互相印證「五蘊」的內容。現代人也常說：小孩要生長發育得健康，除了要有均衡足夠的營養以外，感情、思考、社會文化各種層面的刺激與培養也是不可缺少的。

在唯識學中也有五個「遍行心所」的說法：「觸」、「作意」、「受」、「想」、「思」。其中的「觸」、「受」、「想」、「思」與「五蘊」的「色」、「觸」、「受」、「想」、「識」所要表達的相同；而「作意」是假如人心不在焉，即便是美女當前，也無動於衷啊！至於「五蘊」的「行」，則被挪到「遍行」這裡來，表示一切

精神心理的作用都是由神經電流周遍傳導而產生的。

其實唯識學八識之說，也是在「五蘊」的基礎上，進一步延伸架構出來的理論。

唯識八識之前七識

唯識學的前七識是眼識、耳識、鼻識、舌識、身識、意識與末那識。其中前五識是眼、耳、鼻、舌、身（皮膚）五種感覺器官，受到外界色（顏色）、聲、香（氣味）、味（味道）、觸（膚觸）的刺激以後，把各種不同型態的能量轉變成神經電流而形成的。當然，周邊神經產生的前五識，還要經由腦部神經中樞之間的迴路傳導，才得以完成人的意識作用；所以把第六識—「意識」視為中樞神經的整體作用也是可以的。但是從唯識學對於第六識的描述來看，卻是把「意識」限定在植物中樞的感受功能之內—即「五蘊」中的受。

唯識學說第六識的特性是「了別」——「了別諸相」，這有植物中樞涉及客觀、被動、反射等等神經自主作用的味道。而第七識——末那識的功能則是「思量」——「恆審思量」，其基本特徵是「恆審思量我相隨」，形成了每一個人的自我概念與各不相同的個性。也就是說末那識是神經電流從植物中樞上傳至「情感中樞」、「思考

中樞」與「精神中樞」，再經由各個中樞之間神經迴路循環回饋的傳導，所產生的種種精神心理作用。

中國春秋時期的名家曾提出「白馬非馬」的哲學論證，讓我們以唯識學的理論來說明「白馬非馬」為非，以便能進一步了解「意識」與「末那識」的作用與區別。馬的形態、特徵與顏色，都屬前六識在植物中樞了別作用的結果；至於馬之自覺為馬——馬格的關鍵，則在於馬的末那識——比植物中樞更高端的神經中樞的思量作用所決定；所以「白馬非馬」這個命題不能成立。同樣的道理，因為人比馬有更先進的末那識，所以才會以複雜的思考邏輯，用「馬不知臉長」來罵人沒有自知之明。

腦神經中樞的神經作用，應該以整體的觀點來看待，不需要把植物中樞劃分出去；那麼第六識與第七識就可以同在「意識」的名下。末那識則可以當做是神經電流在腦部周遍傳導而產生前六識的意識。這樣的話，末那識就變成「五蘊」中的「行」了。

第八識：阿賴耶識

唯識學第八識是「阿賴耶識」，又叫「異熟識」、「一切種識」。「一切種識」的意思是「阿賴耶識」是一切法一切物的源生者。它的特點是「異熟」——「阿賴耶

識」與它的創造物不屬同一層次的存在物；而且「阿賴耶識」會隨著種子的不同，展現出不同的結果：例如芒果種子會長出芒果樹，木瓜子會生出木瓜樹。所以第八識不是單一種樹的種子，因為一種種子不可能成為一切的種子。如果把「阿賴耶識」放在現代科學所揭示的「宇宙—生命—意識」存在序列上來類比，「阿賴耶識」就非能量（量子）莫屬——也只有量子才有「一即一切」的能耐。

此外，又有「阿賴耶識」能攝藏一切種子的說法，就像樹木開花能結出很多種子來，而這可要斟酌一下：因為種子要長成什麼樹的藍圖是藏在種子裡面，而不是在第八識。還有如來藏學派中有認為「阿賴耶識」就是如來藏——佛的境地——的說法；也有把能量的「有」取代「空性」——存在的根源來自於虛空——之嫌。雖然佛陀的教裡顯示出「空」是萬有的起源，但是其所傳下來的教法也只能從能量的「有」之處下手，所以後來者在一切法上把「空性」變為隱含的存在，也是時勢所趨，理所當然的事了。

從唯識觀點看生命澈底解決的方法

佛陀開悟以後，最初宣講的真理除了上述的「五蘊」之外，還說了「十二因緣法」——「無明」生「行」，

「行」生「識」，「識」生「名色」，「名色」生「六入」，「六入」生「觸」，「觸」生「受」，「受」生「愛」，「愛」生「取」，「取」即「有」，「有」則「生」，「生」而「死」—來闡述三世輪迴生命流轉的因果關係。假如有人要求生命澈底的解決，希望能夠了脫生死的話，追根究底就得消除生死的第一因「無明」。破了「無明」以後，「行」無從發生，依次就沒有「識」、「名色」、「六入」……以至「生」、「老死」。

讓我們以科學實證的唯識觀點，來看「十二因緣」所指的究竟是什麼樣的實際內容：「六入」是人六種的感覺器官，與外界環境接「觸」以後，其產生的神經衝動傳到植物中樞所生起的感「受」；然後「愛」、「取」、「有」則是植物中樞的「受」再上傳到更上位的神經中樞，經由神經迴路傳導所引起的感情、思考、精神的心理作用，如此結構出一個人的個性與自我的概念；再來走過「生」命的旅程，最後「死」去。而「行」生「識」是說前世的「行」所架構出來的意「識」體，這「識」是推動與承載輪迴的主角，透過投胎轉世獲得了今生的「名色」——身心，然後具足人的六種感覺器官——「六入」，再接著便是->「觸」->「受」->「愛」……如此生生死死、死死生生周而復始。

我們知道「行」是神經電流在神經系統中周遍傳導的

意思，而神經電流是感覺器官受到內外環境各種不同形態的能量刺激所引發的神經衝動。那麼為什麼形成「行」的各種能量（量子）會被稱為「無明」呢？

「無明」的相反詞是「明」，有光就有「明」；量子（能量）對人類而言是以光（子）為代表的。當光被轉換成電子的失去與獲得時，光的「明」就隱沒了，接著電子的流動再變化成各種不同的化學反應，展現出五彩繽紛的生命現象；此時的我們就有如墜入凡間的天使沉迷於世間的繁華般，再也回不去光明透亮的天堂了。「無明」就是這樣產生的。

能量是量子，量子是光，有光就「明」；為什麼十二因緣卻說「行」緣生於「無明」呢？常言：佛與眾生在本質上一無差別，一個是悟（明），一個是迷（無明）。

難怪《聖經》上說：「上帝就是光。」不要忘記我們是光的孩子；只是要思考該怎麼做，才能又回到光（能量）的世界中。

國家圖書館出版品預行編目資料

量子の生死書／廖敏洋 著. --初版.--臺中
市：白象文化，2018.1　面：　公分.——
（信念；36）
ISBN 978-986-358-577-0 （平裝）
1.量子力學 2.生命科學 3.通俗作品
331.3　　　　　　　　　　106020635

信念（36）

量子の生死書

作　　　者　廖敏洋

特約編輯　張雅筑

校　　　對　廖敏洋

專案主編　陳逸儒

出版經紀　徐錦淳、林榮威、吳適意、林孟侃、陳逸儒

設計創意　張禮南、何佳諠

經銷推廣　李莉吟、莊博亞、劉育姍、李如玉

營運管理　張輝潭、林金郎、黃姿虹、黃麗穎、曾千熏

發 行 人　張輝潭

出版發行　白象文化事業有限公司

　　　　　402台中市南區美村路二段392號

　　　　　出版、購書專線：（04）2265-2939

　　　　　傳真：（04）2265-1171

印　　　刷　基盛印刷工場

初版一刷　2018 年 1 月

定　　　價　230 元

白象文化　印書小舖 PressStore出版經紀　出版・經銷・宣傳・設計
www.ElephantWhite.com.tw　f 自費出版的領導者　購書 白象文化生活館